나의 과학자들

나의 과학자들

1판 5쇄 발행 2024년 6월 5일 | **1판 1쇄 발행** 2020년 4월 14일

쓰고 그림 이지유

펴낸이 김상일 | **펴낸곳** 도서출판 키다리

편집주간 위정은 | **편집** 이신아 | **디자인** Studio Marzan 김성미 | **마케팅** 백민열, 장현아 | **관리** 김영숙

출판등록 2004년 11월 3일 제406-2010-000095호 **제조국** 대한민국 | **사용연령** 10세 이상

주소 경기도 파주시 심학산로 10 | **전화** 031-955-9860 | **팩스** 031-624-1601

이메일 kidaribook@naver.com | **블로그** blog.naver.com/kidaribook

ISBN 979-11-5785-300-7 43400

키다리

JIYOU'S TALK 1

2019년 어느 봄날, 나는 판화 기법 중 하나인 실크 스크린을 배우려고 홍대입구역 근처에 있는 'db 프린트 스튜디오'에 갔다. 마침 나는《빅뱅 쫌 아는 10대》의 원고 집필을 막 끝낸 상태였고, 원고에 어떤 그림을 붙일지 궁리를 하고 있었던 터라 실크 스크린이 새로운 길을 열어 줄지도 모른다고 기대하고 있었다.

나는 앨버트 아인슈타인, 앨런 구스, 세실리아 페인가포슈킨, 베라 루빈 등 천문학사에 빼놓을 수 없는 인물들의 얼굴을 실크 스크린으로 작업했다. 정말 마음에 들었다.

이 작업을 하면서 아주 흥미로운 사실을 깨달았는데, 여성 과학자를 찍은 작품이 훨씬 좋다는 것이다. 그래서 나는 여성 과학자에 집중해서 작업하기 시작했다. 여성 과학자들의 얼굴을 자세히 들여다본 것은 이때가 처음이었다.

나는 사진이 겉모습 이상의 것을 담는다고 생각한다. 처음 보았을 때는 표정의 의미를 잘 알 수 없는 얼굴도 있지만 여러 번 보면 대화를 나눌 수 있다. 일주일에 두세 번, 한 번에 4시간씩 꼬박 8개월을 작업하는 동안, 나는 여성 과학자들과의 대화에 집중했다. 이들의 얼굴 속에는 정말이지 많은 이야기가 담겨 있었다. 지난한 대화 끝에 프린트가 완성되면 나도 모르게 이런 말이 튀어나왔다.

"이게 당신이에요. 참 멋지네요!"

살아가면서 부딪히는 많은 문제와 선택의 기로에서 과연 그때 선택한 길이 옳은 길이었는지 의문조차 품지 못했던 순간들을 나는 과학자들에게 물을 수 있었다. 그들은 때로는 잘했다고 답했고, 아니라고 답하기도 했다. 내가 가지지 못했던 당당함을 가진 인물 앞에서는 부러웠고, 내가 하지 못했던 선택을 한 과학자를 보면 질투가 일었다. 같은 실크 스크린 작품을 두고도 내 기분에 따라 달라 보였다.

한 사람, 한 사람의 얼굴을 완성해 가면서 나는 작품 속 과학자들과 이야기를 나누고 있는 것이 아니라 나 자신과 대화하고 있다는 사실을 깨달았다.
작업을 다 마치고 나니 과학자들의 얼굴이 모두 내 얼굴 같았다.
내가 가져야 할, 또는 이미 가졌던 얼굴.
작품 속 과학자들의 얼굴은 나의 거울이었다.
나는 작게 속삭였다.
"지유야, 이게 너야."

내 이름은 지유.

나는 어릴 때 꿈이 많았다.

피아니스트도 되고 싶었고

과학자도 되고 싶었고

의사도 되고 싶었고

외교관도 되고 싶었다.

그중에서 과학에 관심이 가장 많았다.

그런데 지금 나는

피아니스트도 아니고

과학자도 아니고

의사도 아니고

외교관도 아니다.

대신 이 모든 것에 대해 쓸 수 있는 작가가 되었다.

나는 그동안 나와 관계를 맺었던

과학자들에 대해 쓰려고 한다.

내 이야기 들을 사람은 손!

STAR

1
헨리에타 스완 레빗

나는 천문학자가 되고 싶었다. 지구의 공전궤도보다 큰 별이 있다는 사실을 알게 되면서부터다. 오리온자리의 베텔게우스가 그렇게 크다는 사실을 안 순간, 나는 지구를 확 벗어나 우주로 날아간 느낌이었다.
이런 쪼끄만 지구 따위! 우주를 연구하는 사람이 되고 말겠어!
열심히 우주에 관한 책을 읽다 놀라운 사실을 알게 되었다. 별을 연구하는 천문학자 중에 나랑 생일이 같은 사람이 있는 것이 아닌가. 그 과학자의 이름은 헨리에타 스완 레빗! 1868년에 태어나긴 했지만 뭐, 괜찮다. 태어난 해가 뭐가 중요하겠는가? 나랑 같은 7월 4일생이면 그만이지. 그래서 나는 레빗을 존경하기로 했다. 그런 게 어디 있느냐고? 내 마음이다.
레빗은 하버드 대학교 천문대에서 변광성을 관측했다. 변광성은 밝기가 변하는 별인데, 레빗은 변광성을 관측하다 아주 재미난 사실을 발견했다. 밝은 변광성일수록 변광 주기가 길고, 어두운 별일수록 주기가 짧다는 사실을 알아낸 것이다. 지구를 벗어나지도 않고도 저 먼 우주에 있는 별의 밝기와 변광 주기의 관계를 밝혀내다니 정말 대단하다. 규칙을 찾아냈을 때 레빗은 얼마나 기뻤을까?

나는 지구가 별이 아니라는 사실을 알고 깜짝 놀랐다. 밤하늘에 있는 별들은 수소로 만들어진 공인데, 수소를 태워서 스스로 빛을 낸다나 뭐라나. 아무튼 그런 일을 하는 것은 태양계에선 태양밖에 없다. 그러니 태양은 별이지만 지구는 그냥 암석 덩어리 행성일 뿐이라는 거다. 그래서 난 궁금했다. 태양이 수소로 만들어진 공이라는 걸 누가 알아낸 거지?
그걸 알아낸 사람은 세실리아 페인가포슈킨. 우스운 점은 페인가포슈킨이 이런 사실을 알아내기 전에는 다들 태양이 철로 이루어져 있다고 생각했다는 것이다. 해가 쇳덩어리라니, 소가 들어도 웃겠다. 그런데 페인가포슈킨이 "태양은 수소로 이루어져 있다!"라고 아무래 외쳐도 그 시대 사람들은 믿어 주지 않았다고 한다. 아, 얼마나 속상했을까?

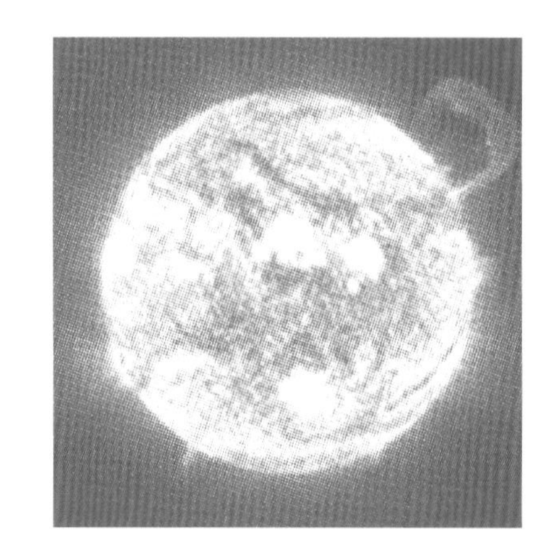

2
세실리아 페인가포슈킨

SUN

3 베라 루빈

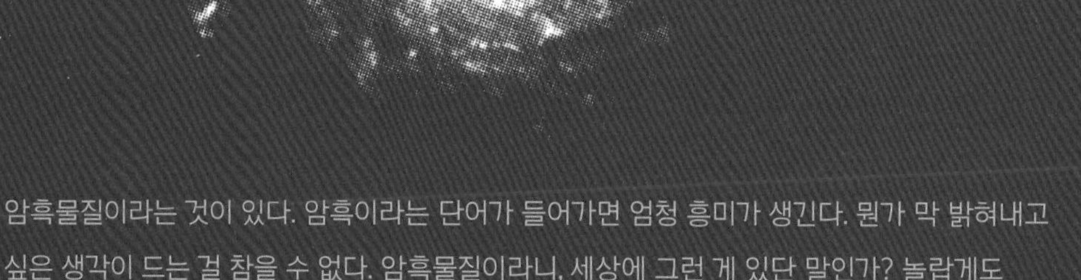

암흑물질이라는 것이 있다. 암흑이라는 단어가 들어가면 엄청 흥미가 생긴다. 뭔가 막 밝혀내고 싶은 생각이 드는 걸 참을 수 없다. 암흑물질이라니, 세상에 그런 게 있단 말인가? 놀랍게도 정말 있다고 한다. 암흑물질이 우주 전체 질량의 25%나 차지하고 있다고 한다. 더 놀라운 것은 밤하늘에 보이는 별, 은하를 다 합쳐도 5%밖에 안 된다는 것이다.

그럼 나머지는? 그건 과학자들도 모른다고 한다. 그래서 암흑 에너지라는 이름을 붙였다나 뭐라나. 난 또 궁금해졌다. 암흑물질을 찾아낸 건 누구지?

그건 바로 베라 루빈이다. 루빈은 아주 멀리 떨어져 있는 은하들을 관측하다가, 은하들이 생각보다 훨씬 빨리 서로를 돌고 있는 것을 발견했다. 그리고 저렇게 빨리 돌려면 우리 눈에는 보이지 않지만 무거운 무언가가 있어야 한다는 결론을 얻었다. 그게 뭔지 몰라도 분명히 있긴 있다고 믿은 것이다. 그것이 바로 암흑물질이다.

이 이야기를 들으며 나는 놀라운 사실을 깨달았다. 과학자들은 자기들이 모르는 것에 '암흑'이라는 단어를 붙인다!

30′
DARK

4 조셀린 벨 버넬

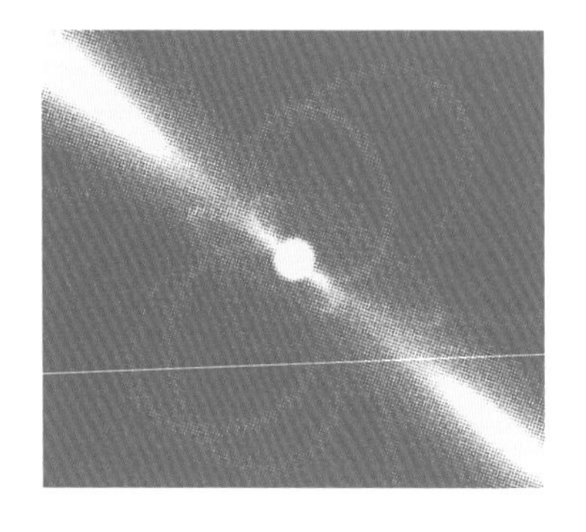

우주에도 등대가 있다. 정말 낭만적으로 들리지만 사실 우주의 등대는 펄서라는 천체로, X선 감마선 같은 무서운 빛을 뿜어내며 미친 듯이 돌고 있다. 그래서 아주 빠른 주기로 번쩍이는데, 얼마나 빨리 번쩍거리느냐 하면 1초에 1,000번씩 번쩍이는 것도 있고 몇 초에 한 번 번쩍이는 것도 있다. 등대 불빛이 1초에 1,000번씩 번쩍인다고 생각해 보라. 놀라기 전에 미쳤다고 생각할 것이다. 게다가 펄서는 별이 죽은 뒤 남은 중성자별이다. 이렇게 빨리 번쩍이는 별의 사체를 누가 찾아낸 거지?

펄서를 처음으로 찾은 사람은 조셀린 벨 버넬. 조셀린은 대학원생일 때 펄서를 발견했고, 지도 교수인 앤터니 휴이시의 지도 아래 1968년 논문을 썼다. 1974년 노벨상 위원회는 펄서의 발견이 과학 발전에 기여한 공이 크다고 여겨 발견자에게 노벨상을 주었지만 버넬은 수상자 명단에 없었다. 여성 과학자의 공을 인정하지 않는 나쁜 관습이 노벨상에 남아 있었던 것이다. 정말 나쁘다!

Pulsar CP 1919
(Interference)

JIYOU'S TALK 2

실크 스크린의 기본 원리는 간단하다. 200수 정도인 실크를 통과한 물감이 종이에 묻도록 하는 것이다. 실크에 그림을 그린 뒤, 그림을 제외한 나머지 부분을 물감이 통과하지 못하도록 막으면, 표현하고 싶은 부분으로만 물감이 통과되어 실크에 그린 그림대로 종이에 찍힌다.

그냥 그림을 그리면 되지 왜 이런 복잡한 작업을 하는 걸까? 이걸 이해하려면 '200수 실크'가 무슨 의미인지를 알아야 한다. '수'는 직조계에서 쓰이는 말로, 면화 1파운드 곧 453.6그램을 840야드 또는 768.1미터로 뽑은 것을 1수라고 한다. 200수는 이보다 200배 길게 뽑은 실이다. 다시 말해 1수보다 200분의 1만큼 가는 실이다. 보통 속옷을 20수 면화로 만드니 200수가 얼마나 가는지 짐작해 볼 수 있을 것이다. 사실 면화로는 200수만큼 가는 실을 만들 수 없다. 자연에서는 이와 가장 가까운 것이 누에가 만든 실크다. 이렇게 가는 실로 짠 실크 사이로 물감을 통과시키면, 붓이나 색연필로는 표현할 수 없는 또 다른 느낌의 이미지가 나온다. 물감이 실크를 통과하면서 아주 고르게 발리기 때문이다. 때로는 가는 실이 만든 격자무늬가 나타나기도 한다. 200수 크기의 격자는 인간이 아무리 애를 써도 손으로 그릴 수는 없다. 실크 스크린의 매력은 바로 이런 점이다. 요즘은 비싼 비단에 이런 일을 하지 않고, 보다 좋은 효과를 낼 수 있는 합성 섬유를 쓴다. 그래도 예전에 사용했던 이름이 그대로 내려와 실크 스크린이라는 용어를 그대로 이용한다.

내가 실크 스크린으로 처음 작업한 인물은 천문학자 세실리아 페인가포슈킨이었다. 세실리아의 젊은 시절 모습을 포토샵과 일러스트레이터를 이용해 밝은 부분과 어두운 부분을 강조하고, 어두운 부분의 면적을 점의 크기로 환산해 '망점 작업'을 한 뒤 트레이싱지에 옮겨 200수 실크판에 굽는다.

그런데 이 일을 하기 전 실크판에 현상액을 고르게 발라 실크 필름을 만들어야 한다. 그 위에 트레이싱지에 옮긴 그림을 놓고 강한 빛을 쪼이면 검은 점 부분을 제외한 나머지 부분은 빛과 반응해 현상액이 실크판에 눌어 붙고, 트레이싱지의 검은 부분에 막혀 빛과 반응하지 않은 곳은 그 상태로 남는다. 빛에 쪼여 현상이 끝난 실크판을 개수대로 가져가 아주 센 수압의 물을 뿌리면 검은 필름에 막혀 반응하지 않은 부분은 물에 씻겨 내려가고, 빛과 반응해 눌어 붙은 부분은 아주 견고하게 실크판에 붙어 있다.

나는 세실리아 페인가포슈킨의 젊은 시절 모습으로 실크판을 만들고 짙은 산호색 물감을 밀어 넣어 '산호색 세실리아 페인가포슈킨'을 찍었다. 아마 천문학자 세실리아가 산호색으로 인쇄된 것은 역사상 처음일 것이라 자신 있게 단언한다.

다음으로 만들 판은 세실리아를 연상시키는 단어와 배경으로 쓸 또 다른 판인데, 이렇게 판을 여러 개 만드는 이유는 판 하나는 한 가지 색밖에 표현할 수 없기 때문이다. 세 가지 색으로 판화를 찍으려면 판을 세 개 만들어야 한다. 판화의 세계에선 이것을 '색을 올린다'고 표현하는데, 열 가지 색을 올리려면 열 개의 판을 만들어야 하는 셈이다.

배경, 인물, 글자를 순서대로 얹는 방식은 《빅뱅 쫌 아는 10대》에 쓸 삽화를 작업할 때 이미 완성되었으므로, 판을 열 개나 만들 필요는 없었지만!

5
캐서린 존슨

내가 어릴 때는 17세가 되면 달에 여행을 가게 될 줄 알았다. 그래서 윗몸 일으키기도 하고 달리기도 하고 계단도 일부러 오르내리면서 운동을 했다. 이게 다 우주 비행사가 되는 훈련에 필요할 거라고 여겨 열심히 했다. 그런데, 운동은 너무 힘들었다. 그래서 직접 우주선에 타지 않고 우주 비행에 참여해야겠다고 생각했다. 마치 캐서린 존슨처럼.

알고 보니 존슨는 기계 컴퓨터가 나오기 전에 NASA에서 손과 머리로만 우주선의 궤도를 계산한 '컴퓨터'였다. 컴퓨터의 원래 뜻이 '계산하는 사람'이라니 놀랍지 않은가? 그러니까 캐서린 존슨이 컴퓨터였던 거다.

음, 복잡한 계산을 척척 해내던 존슨의 역할을 이제는 기계 컴퓨터가 하는데, 그럼 난 뭘 하지?

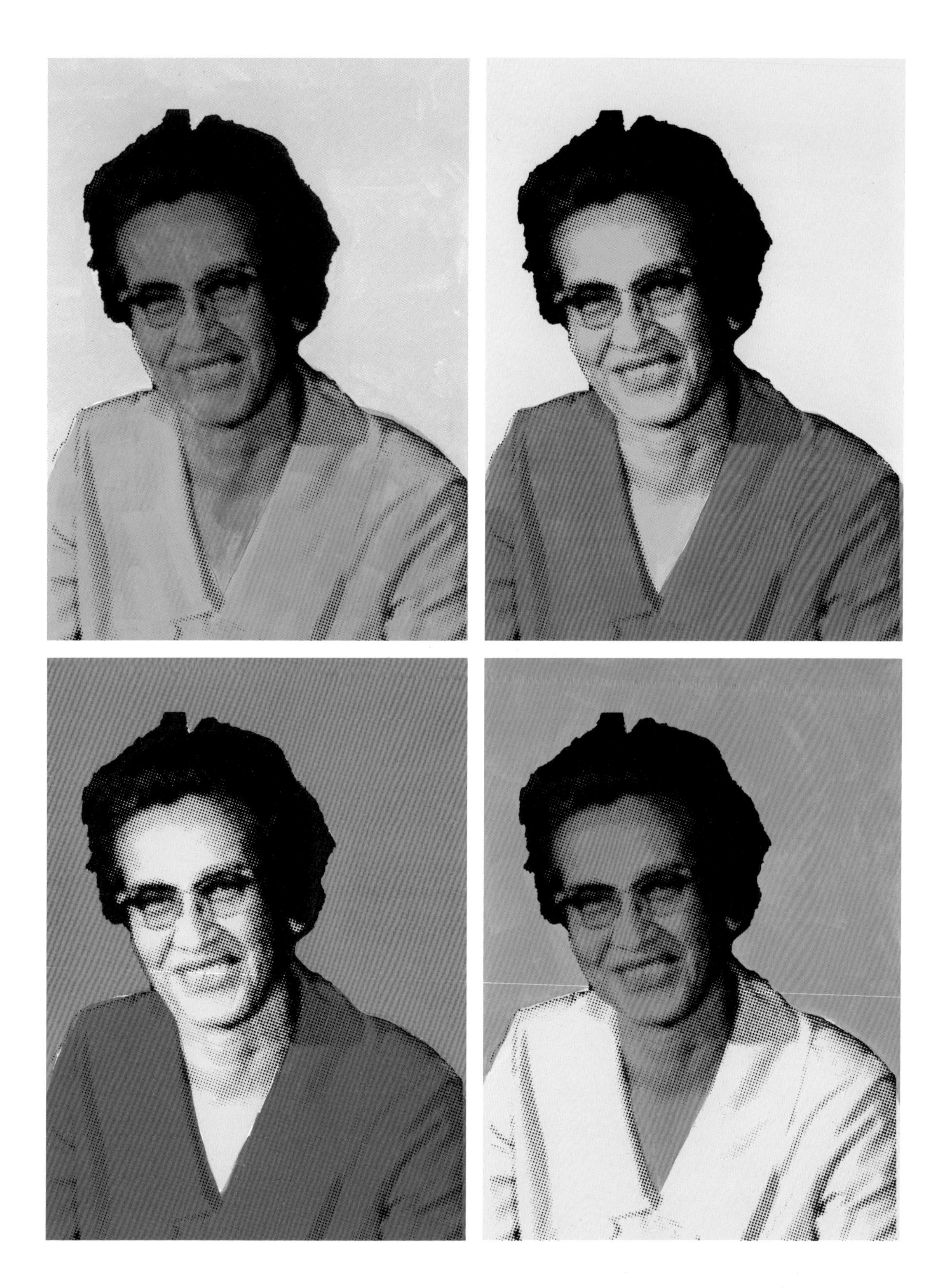

FLY

US

MOON

TO

THE

6
마거릿 해밀턴

좋아, 그럼 컴퓨터에게 일을 시키는 사람이 되자. 그걸 프로그래머라고 하지! 나는 프로그래머가 되기로 결심했다. 컴퓨터가 아무리 일을 잘한다 해도 사람이 시키는 순서대로 계산을 할 뿐이다. 계산할 것이 몇 개 없으면 사람이 하는 것이 빠르지만 계산할 것이 어마어마하게 많으면 컴퓨터가 훨씬 빠르다. 그러나 중요한 것은 프로그래머가 계산할 순서를 논리에 맞춰 잘 짜야만 컴퓨터가 빠르고 정확하게 계산을 한다는 것이다.

마거릿 해밀턴은 바로 그런 일을 하는 컴퓨터 과학자이자 시스템 공학자였다. 해밀턴은 아폴로 11호가 지구를 떠나 달에 착륙할 때까지 필요한 모든 소프트웨어를 만들었다. 이 소프트웨어는 우주선에 문제가 생기면 가장 중요한 일을 가장 먼저 하도록 프로그래밍이 되어 있었다. 이거야말로 인공 지능 아닌가? 이런 일을 1960년대에 했다니 정말 놀랍다.

MATH

7
마리암 미르자하니

훌륭한 프로그래머가 되려면 수학을 잘해야 된다고들 하는데, 그건 옳은 이야기인 것 같았다. 구구단도 제대로 외우지 못한다면 우주선을 조종하는 프로그램을 어떻게 짜겠는가? 그런데 수학이란 구구단이 전부가 아니라는 것이 함정! 수학자들은 '당구대에서 영원히 움직이는 당구공이 있다면 이 당구공을 제자리로 돌아올까?' 같은 문제를 푼다. 나 참, 그게 뭐가 어렵다고. 직접 해 보면 되잖아! 하지만 곰곰이 생각해 보면 이 문제를 푸는 것이 쉽지 않은데, 당구공은 마찰 때문에 언젠가는 멈추기 때문이다. 그러니 당구공이 제자리에 오는지 안 오는지 실제로 해 볼 수 없다.

아무도 풀지 못했던 이 문제를 푼 사람은 이란 수학자 마리암 미르자하니. 마리암은 당구공의 움직임에 규칙이 있다는 것을 알아낸 것이다. 역시 수학자와 과학자들은 규칙을 찾는 명수들이다! 마리암은 여성으로는 처음으로 4년에 한 번 훌륭한 수학자에게 주는 필즈상을 받았다. 그나저나 나는 무슨 대단한 규칙을 찾는담?

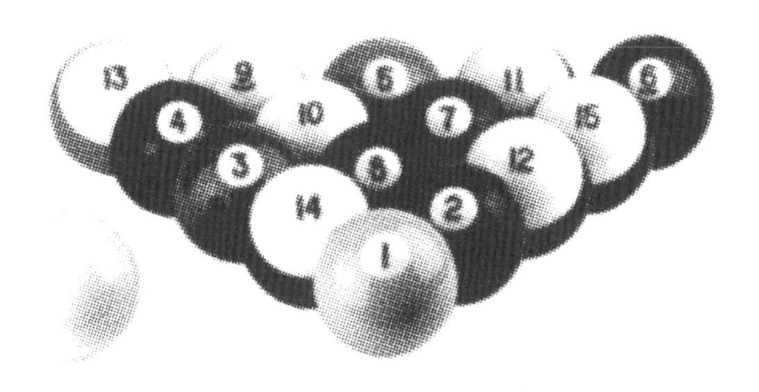

JIYOU'S TALK 3

내가 계속 과학자들의 얼굴을 열심히 실크 스크린으로 작업하니 판화 공방을 드나드는 2, 30대 작가들이 슬슬 관심을 보이기 시작했다.
"이건 누구예요?"
"이 사람은 뭘 했어요?"
작가들은 이렇게 물었고 내가 답을 하면 아주 흥미롭게 들었다. 물론 다음날이면 모두 잊어버리는 것 같았지만, 뭐 그래도 상관없었다. 공방 친구들은 평생 처음 들어 보는 여성 과학자들의 이름을 뇌 속 어디엔가 저장해 두고 있다가 비슷한 이름이 들리면 관심 있게 들을 확률이 높으니까.
세상에는 참으로 다양한 사람이 있지만 의외로 사람들은 만나는 사람만 만난다. 미술계에 속해 있는 사람들은 예술가들만 만나고, 과학계에 있는 사람들은 그 비슷한 일을 하는 사람만 만난다. 그러니 내 입장에선 과학의 세계와 상관없이 살던 미술계 친구들이 몹시 소중하고, 공방에 드나드는 예술인들은 내 덕에 과학자 이름을 하나 더 알게 되니 이 또한 훌륭한 공생관계가 아닌가? 그 이름을 기억하지 못한다 하더라도 말이다!
내가 작업하는 동안 곁눈질로 흘끔흘끔 보던 공방 친구들이 대놓고 "멋있다!"고 평한 최초의 인물은 바버라 매클린톡이었다. 그녀에 관한 자료는 많았지만 내 마음에 끌리는 것은 얼굴에 주름이 가득한 노년의 매클린톡이었다. 시선은 허공 어딘가를 향하고 있었는데 정확히 어딜 보려고 한 건지는 알 수 없었다. 다만 그 얼굴에서 느낄 수 있는 것은 모진 세월을 헤치고 살아온 사람이 달관의 표정으로 하늘을 응시하고 있는 편안함이었다.
그녀의 인생은 순탄하지만은 않았다. 너무 앞서 나간 연구를 해 동료 과학자들조차 그녀의 말을 알아듣지 못했고, 여성 과학자라는 이유로 대학에서 동등한 처우를 받지 못했다. 저 표정을 지을 수 있기까지 자신을 다스리는 데 얼마나 많은 시간이 필요했을까?

문득 여자 화장실이 없는 이공계 건물에서 공부하던 대학 시절이 떠오른다.
대학에서는 여자는 대학에 진학하지 않고 이공계에도 들어오지 않는다고 여겨 건물에 여자 화장실을 만들지 않았다. 하지만 여학생이 대학에, 그것도 이공계에 들어오니 궁여지책으로 남자 화장실에 간판만 바꾸어 여자 화장실로 만들었다.
그래서 여자 화장실에 남자 소변기가 있었다. 이 사회가 남성 중심 사회라는 것을 화장실에서까지 느껴야 하는 게 너무나 화가 났다. 남성들은 왜 여성들이 화가 나는지 모르겠다며 이렇게 말했다.
“화장실에 소변기 있는 것은 당연한 것 아니야?”
화장실로 확인할 수 있는 수십 년의 변화를 겪고 보니, 젊은 여성들이 앞으로 겪어야 할 불평등과 고난이 안타깝고, 그 길을 좀 더 가기 쉽게 닦아 놓지 못해 미안하고, 그래도 당차게 앞으로 나가려고 하는 움직임이 고맙다.
나는 매클린톡의 편안한 표정에서 그가 미래를 응시하고 있다고 느꼈다.
내 느낌이 옳다면, 아니 옳을 것이 분명하지만, 그에게 편안한 표정을 선사한 감정은 지난한 과정을 다 겪은 사람만이 지닐 수 있는 고마움일 것이다.
나는 그 지난함을 표현하기 위해, 수많은 사람이 비웃었던 그의 논문을 판으로 떠 노란색으로 찍고, 그 위에 매클린톡의 강한 시선을 부각하기 위해 검은색으로 인물을 얹었다. 그리고 평생 그녀와 함께 한 옥수수라는 단어를 붉은 계열의 색으로 머리 위에 덮었다. 이 그림은 A4 사이즈로 작업했지만 사람들은 이 작품을 A3 사이즈로 기억했다. 원화가 주는 이미지가 강렬해 사람들의 기억 속에 실제보다 훨씬 큰 작품으로 남는 것이다.
내 예상대로 공방 친구들은 매클린톡의 이름을 잊었다.
그리고 가끔 이렇게 묻곤 했다.
“선생님, 그 ‘멋진 할머니’ 이름이 뭐였죠?”

8
바버라
매클린톡

중학생이 되었을 때, 나는 마당에 노란 옥수수와 하얀 옥수수를 심었다. 누가 깨우지 않아도 새벽에 일어나 물을 주고, 옥수수 꽃이 피었을 때는 사다리를 타고 올라가 색이 다른 옥수수끼리 인공수정도 시켜 주었다.
옥수수가 익자 나는 새벽에 옥수수를 따서 책상에 잘 놓아 둔 뒤 학교에 갔다. 학교에서는 온종일 옥수수 생각뿐이었다. 껍질을 까면 옥수수 알이 모두 흰색과 노란색이 섞인 색일까, 아니면 흰색과 노란색이 교대로 있을까, 아니면 몽땅 흰색이거나 노란색일까에 대해 생각했다.
학교가 끝나고 집으로 달려왔는데, 아니 이게 무슨 일이야, 옥수수가 사라졌다. 옥수수는, 옥수수는 글쎄, 그날 저녁밥에 들어 있었다.
그 허탈함이란! 과학자의 삶은 정말 힘들다는 것을 깨달은 날이었다.
나는 다시금 바버라 매클린톡의 끈기에 감탄할 수밖에 없었다.
바버라는 모든 역경을 이기고 1951년 옥수수 유전자의 전이현상을 발견한 공로로 1983년 노벨 생리학·의학상을 '혼자' 받았다. 전이유전자란 여기저기 이동해 다니는 DNA 조각을 이르는 말인데 32년 동안 사람들은 "뛰어다니는 유전자라니!"라며 매클린톡을 미쳤다고 손가락질했다. 역시 유전학자의 길은 험난하다.

CORN

initiated by u… mutation
are considere… action, bu
rather chromo… the degre
of genic expre… agenic … in tha
differences amo… them may be recog… pe of co
trol of the actio… the ge… These uni
may be transposed from… omosome con
plement. When inco… its mode
control of the actio… nner similar to tha
which occurred at th… have been supporte
by extensive examinatio… system that has modi
fied genic action at a number of differ… so-called Dissociation
Activator (*Ds-Ac*) two…

Both *Ds* and *Ac* are s… locations in particula
chromosome… may be d… to other establishe
markers. Each, however, … within th
chromosomal complement. … or … ma
… sporogenous ce… gametes may …
… or both, located a… lowing such transpo…
… the ne… or plant generatio
… serted at var
… that the pro…
… or *Ac* that can res…
… been learned that in…

9 로절린드 프랭클린

나는 유전자에 대해 조금 더 공부해 보기로 했다. 옥수수를 이용하지 않고 말이다. 유전자는 DNA라는 긴 끈에 군데군데 박혀 있다. DNA는 기찻길과 같고 유전자는 그 사이에 있는 기차역과 같은 것이다. DNA는 사다리를 꼬아 놓은 것처럼 생겼는데, 과학자들은 이와 같은 구조를 이중나선이라고 한다. 이중나선은 맨눈으로는 볼 수 없을 정도로 작다.

그래서 나는 다시 궁금해졌다. 도대체 이 사실은 누가 알아낸 거지?

그건 바로 로절린드 프랭클린이다.

우와, 멋진 일은 여성 과학자들이 다 해냈구나!

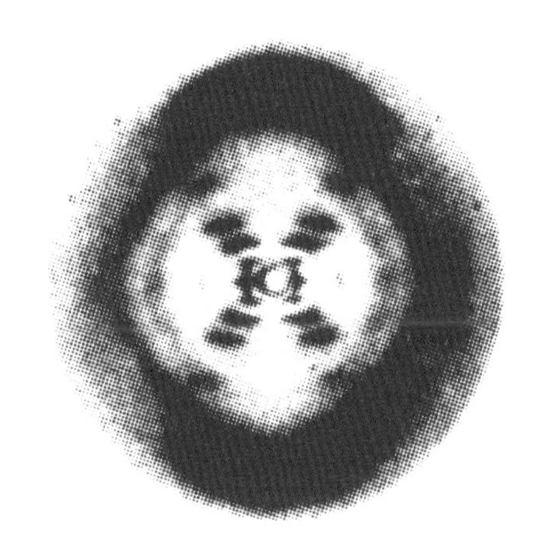

로절린드는 1952년에 DNA가 나선구조임을 알려주는 X선 사진을 찍었다. 그 사진의 이름은 사진 51! 이름은 좀 싱겁지만 이 사진 덕분에 DNA의 구조가 명확하게 밝혀졌다. 그런데 이 사진으로 논문을 쓰고 나아가 노벨상을 받은 사람들은 옆방에 있었던 프랜시스 크릭과 제임스 왓슨이었다. 로절린드의 공을 가로챈 것이다. 그러나 진실은 밝혀지게 되어 있다. 이젠 모두 로절린드가 한 일을 알고 있으니 말이다. 하지만 안타깝게도 로절린드는 세상이 자신의 업적을 알아주기도 전에 암에 걸려 37세의 젊은 나이에 세상을 떠나고 말았다.

DNA
IT IS WITH GREAT REGRET THAT WE HAVE
TO ANNOUNCE THE DEATH, ON
OF D.N.A. HELIX
DEATH FOLLOWED A
AN INTENSIVE COURSE OF
HAS FAILED TO RELIEVE.
A MEMORIAL SERVICE
MONDAY

DOCTOR

10 김점동

옥수수 사건 이후로 유전학에 관한 관심이 서서히 사라지고 있던 차에 나는
텔레비전에서 응급실 외과 의사가 나오는 외국 영화를 보았다. 순발력을 발휘해
사람의 목숨을 구하는 직업이라니, 너무 멋지잖아!
그래서 나는 결심했다. 우리나라에서 첫 번째 여성 응급실 외과 의사가 되기로!
그런데 그럴 수 없었다. 누군가 나보다 먼저 했기 때문이다.
김점동은 우리나라 최초의 여성 의사다. 김점동은 미국으로 유학을 갔다가
의사가 된 뒤 1900년에 귀국했다. 세상에나 1900년이라니, 미국에 가려면 배를
타고 2주일이나 걸리던 때였고 여자에겐 공부할 기회도 주지 않던 시절이었다.
정말 대단한 김점동은 귀국 후 여성들을 보호하고 구한다는 뜻을 지닌
여성 전문 병원, 보구여관의 책임 의사가 되어 열심히 환자들을 보살폈다. 가난한
동네에 가서는 무료로 진료를 해 주고, 수술이 필요한 환자는 수술해 얼른 낫게
해 주었다. 응급 수술, 의료 봉사라니, 너무너무 멋있다. 나는 꼭 의사가 되리라
결심했다. 우리나라 최초가 아니더라도 말이다.

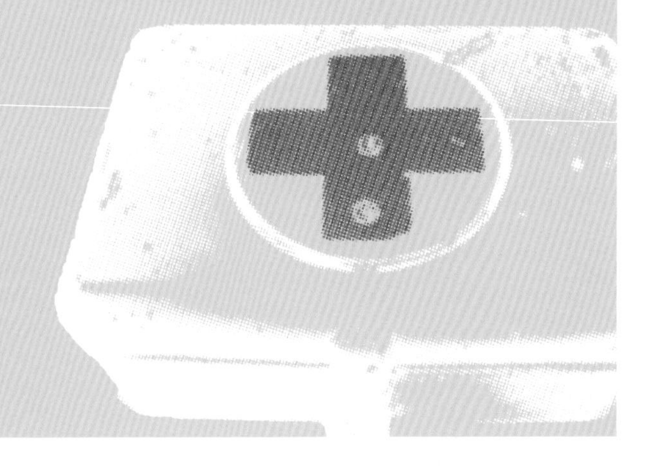

11
도러시 호지킨

나는 외과 의사의 자질을 키우기 위해 생물반에 들어갔다. 거기서 개구리 해부 수업을 한다는 정보를 입수했기 때문이다. 드디어 개구리 해부를 하는 날이 왔다. 그런데 해부 도중 마취가 깬 개구리가 사지 고정 핀을 뜯고 튀어 올라 온 실험실을 펄쩍펄쩍 뛰어다녔다. 아비규환이 따로 없었다. 우리는 모두 소리를 지르고 아주 난리가 났다.

노련한 생물 선생님은 개구리를 잡아 통에 넣은 뒤 도러시 호지킨 이야기를 해 주셨다. 우리는 뜬금없이 개구리 해부와는 전혀 관계없는 콜레스테롤과 페니실린, 비타민 B12와 인슐린에 대한 이야기를 들었다. 호지킨이 페니실린의 구조를 파악한 덕분에 공장에서 항생제를 대량 생산해 많은 사람의 목숨을 구했다는 이야기도 들었다.

이야기를 마친 선생님은 고개를 좌우로 저으며 “내가 무슨 말을 하고 있는 거지?”라고 중얼거리신 걸로 보아 선생님도 정신이 없었나 보다. 하지만 그 이야기를 듣고 나는 생각했다. 개구리 해부하는 것도 이렇게 어려운데, 사람을 수술하는 것은 안 되겠다! 대신 호지킨처럼 사람을 살리는 약을 만들자. 그러려면 뭘 해야 되는 거지?

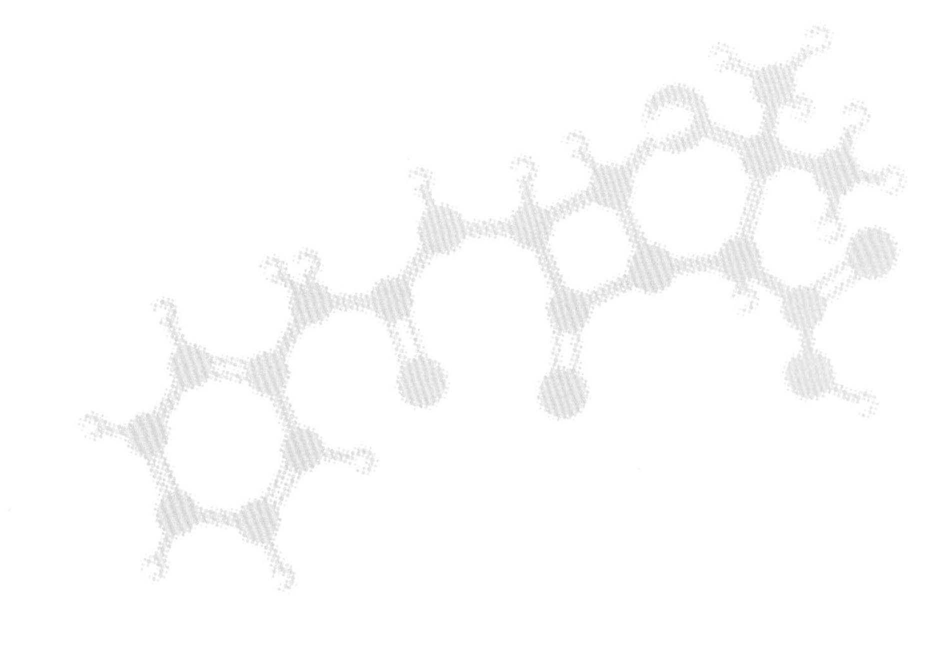

PENICILLIN
INSULIN
VIT.B12

12 거트루드 엘리언

정답은 약리학자! 두둥! 약리학자는 생물, 화학을 잘 알아야 한다. 약이란 몸속에 들어가 화학작용을 하는 물질이니까 말이다.

거트루드 엘리언은 약을 만드는 약리학자이고, 생물과 화학의 관계를 연구하는 생화학자이기도 하다. 엘리언은 아픈 사람들의 몸에만 있는 비정상적인 세포에 대해 연구를 했다. 종양 같은 비정상적인 세포와 정상 세포와의 차이를 연구하고, 종양을 만드는 비정상적인 세포만 공격하려면 어떻게 하면 좋을지도 연구를 했다. 이게 뭐냐 하면, 암세포만을 공격할 약을 개발하고 있었다는 뜻이다. 그 결과 엘리언은 백혈병 치료제를 만들었고 몸속에 바이러스가 들어왔을 때 바이러스만 정확하게 찾아가 공격하는 항바이러스 물질도 만들었다.

우리 몸은 원래 내 것인 세포와 내 것이 아닌, 그래서 나에게 불리한 세포를 구분할 줄 안다. 그리고 내 것이 아닌 세포를 공격해 없앤다. 이것을 면역이라고 하는데, 엘리언은 면역과 같은 방식으로 작용하는 약을 만든 것이다. 내 것과 내 것이 아닌 것을 구분하는 능력, 이런 능력은 몸만 아니라 정신에도 필요한 것이 아닐까? 정신의 면역은 어떻게 기를 수 있을까?

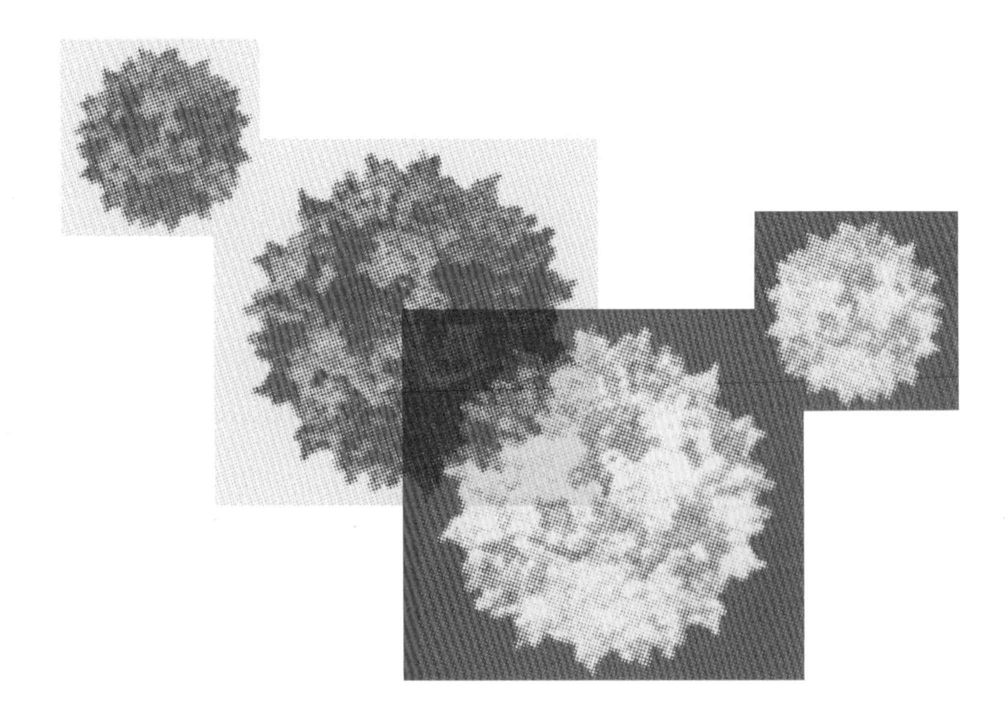

CURE

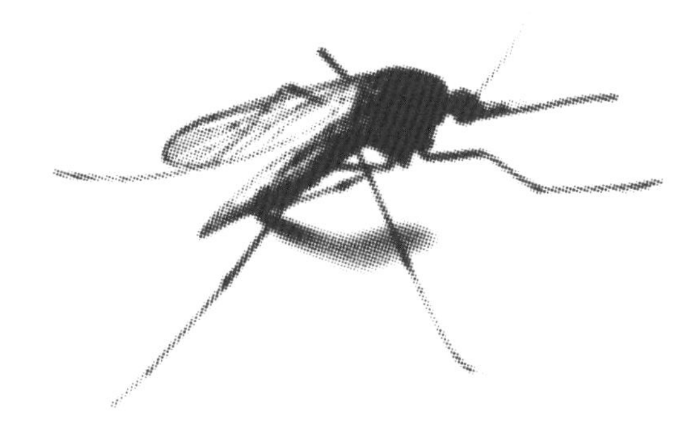

13 투유유

약을 만들려면 실험실이 있어야 한다. 그래서 나는 집에 있는 깨끗한 컵과 병을 모아 책상에다 개인 실험실을 만들었다. 그런데 뭘로 약을 만들지? 그때 생각난 것이 쑥이다.

쑥 중에는 보통 쑥보다 잎이 더 크고 끝이 여러 갈래로 갈라진 개똥쑥이 있다. 중국의 식물학자 투유유는 개똥쑥으로 말라리아 치료제를 만들었다. 말라리아는 모기를 통해 감염되는 전염병인데 이 병에 걸려 죽는 사람이 1년에 40만 명이 넘는다. 투유유는 박사 학위도 없고, 유학을 간 적도 없지만 말라리라 약을 개발하는 팀의 대장으로 큰 공을 세웠다.

이게 쉽게 된 것은 아니다. 투유유는 개똥쑥에서 약 성분을 뽑아내는 실험을 무려 190번이나 했지만 모두 실패하고 말았다. 그러다 191번째에 성공했다. 정말 대단하다. 같은 일을 191번 해 본 적이 있는가? 뭐든 그 정도 하면 안 될 일이 없을 것 같다.

투유유는 말라리아로부터 사람들을 구한 공을 인정받아 85세에 노벨 생리학·의학상을 받았다.

JIYOU'S TALK 4

판화는 참 매력적인 분야다. 어느 한 과정도 질러갈 수 없고, 처음에 설계를 잘못하면 중간에 수정할 수 없으며, 모든 과정이 순조롭게 이루어졌다 할지라도 찍을 때마다 다른 작품이 나온다. 그리고 모든 과정은 인간의 손에 의해 이루어진다. 간혹 사람들은 판 하나만 잘 만들면 같은 작품을 여러 장 찍을 수 있는데 판화 작품에 무슨 희소가치가 있냐고 한다. 뭘 몰라도 한참 모르는 말씀이다.
백 번 찍어서 똑같은 그림 백 장이 나오게 하려면 그걸 왜 인간이 찍나, 기계를 시키면 되지! 판화의 매력이란 같은 판, 같은 종이, 같은 잉크를 썼어도 찍는 사람의 힘, 감정, 환경 조건에 따라 다른 작품이 나온다는 것이다. 또 한편으론 아주 미세한 차이는 있지만 모두 같은 판에서 나왔기에 멀리서 보면 다 같아 보인다는 아이러니함이 있다. 그래서 판화가 재미있다. 이 정도는 이해하고 있어야 고품격 문화 사회의 구성인이라 할 수 있지 않은가?
이와 같은 판화 제작 과정은 과학자들이 쓰는 과학 방법과도 닮은 점이 많다. 과학자들은 가설을 세우고 이를 증명할 실험을 설계한 뒤 실험을 한다. 실험이 성공하면 가설은 이론이 된다. 그렇지 않으면 과학자들은 처음으로 돌아가 가설을 조정하거나 새로운 실험을 설계한다. 과학자들은 이런 과정을 평생 반복하며 그 결과가 쌓여 새로운 이론들이 생겨난다. 그것이 교과서에 실려 모든 지구인이 알아야 할 교양으로 자리 잡는다.

판화와 마찬가지로 대부분의 과학자들은 원하는 결과에 가닿기 위해
강한 육체노동을 한다. 오랜 시간 앉아서 집중력이 필요한 계산은
물론이고, 광석을 부수고 갈아 가마솥에 끓이는 일도 마다 않으며,
밤을 새워 관측을 하고 다음 날에는 분석하는 일도 부지기수다.
판화로 여성 과학자들의 모습을 기록하고 싶은 강한 열망이 생겼던 것은
판화와 과학 사이에 존재하는 이런 공통점 때문인지도 모르겠다.

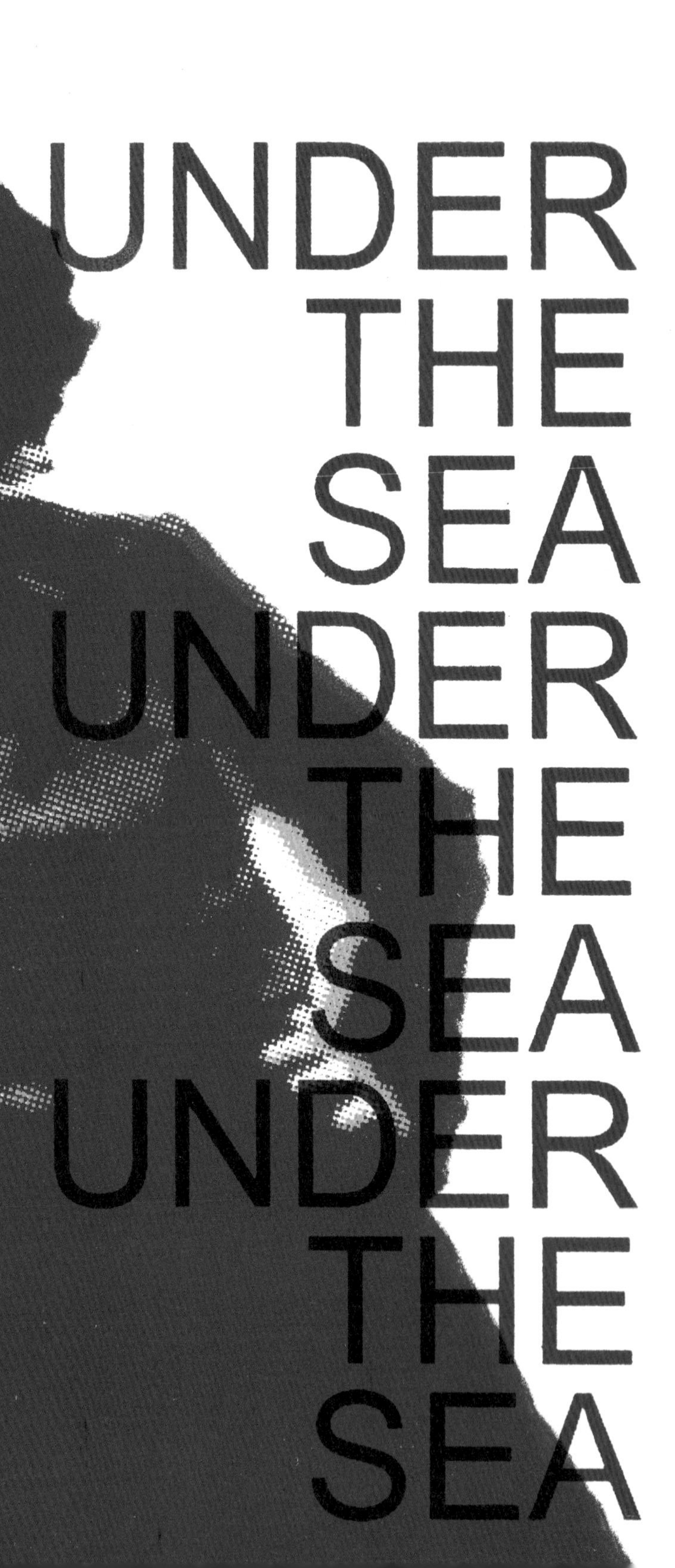
UNDER
THE
SEA
UNDER
THE
SEA
UNDER
THE
SEA

14 마리 타프

고등학교 2학년 때였다. 과학 교실에 들어서자 책상 위에는 커다란 지도가 있었고 3D 영화를 볼 때 쓰는 안경이 있었다. 나는 호기심이 생겨 그 안경을 끼고 지도를 보았다. 그런데 이게 웬일? 지도에서 남북으로 기다란 산맥이 입체로 확 튀어나오는 것이 아닌가? 나는 아주 깜짝 놀라 으악 소리를 지르며 뒤로 물러났다. 놀랄 일은 그게 다가 아니었다. 자세히 보니 그 산맥은 육지에 있는 것이 아니고 대서양 바닥에 있었다. 바닷속에 이렇게 큰 산맥이 있다니! 게다가 이 산맥은 모두 화산이었다.

이 엄청난 지도는 해양지질학자 마리 타프가 그렸다. 도대체 마리는 어떻게 바닷속을 그렸을까? 비밀은 음파! 음파를 바다 밑바닥에 쏘고 반사되어 돌아오는 시간을 재서 대서양 바닥의 생김새를 알아냈던 것이다. 우와, 멋있어! 원자같이 작은 거 말고 바다처럼 넓고 깊은 것을 연구하는 사람이 되어야겠다!

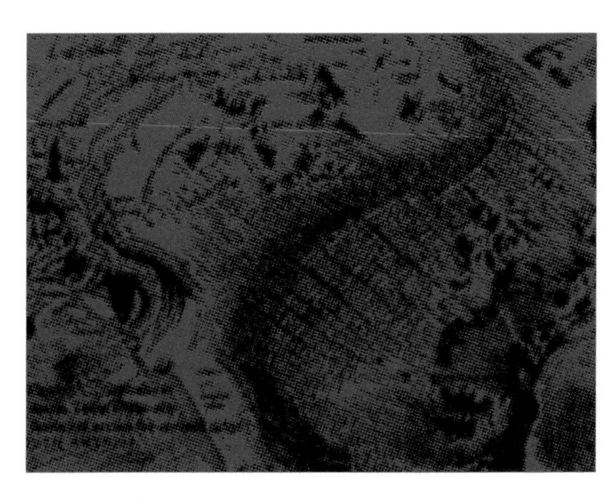

15 실비아 얼

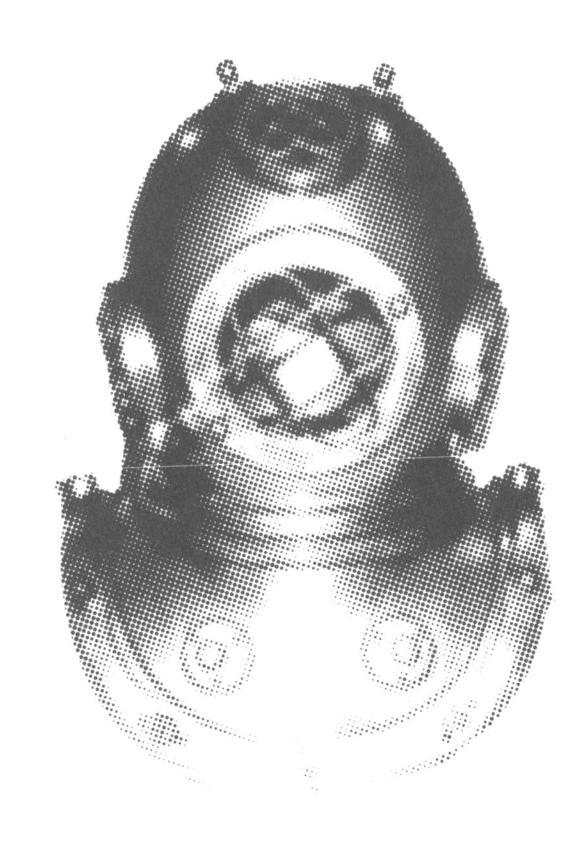

바다를 연구하려면 뭘 해야 할까? 수영을 잘해야 할 것 같았다. 그래, 바다에 들어갈 일이 많을 테니 수영은 필수! 나는 수영을 배우러 갔다. 그런데 수영이 쉽지 않았다. 수영 선생님은 몸에 힘을 빼야 한다고 했지만 그게 어떻게 하는 건지 정말 알 수 없었다.

하지만 나는 실망하지 않았다. 실비아 얼이 입었던 '짐'을 입으면 수영을 못해도 바닷속을 걸을 수 있을 것 같았다. '짐'은 매우 튼튼한 잠수복으로 배와 연결된 호스를 통해 공기가 공급되어 숨을 참지 않아도 되고, 무거운 신발 덕분에 바다 밑을 걸어 다닐 수 있다.

실비아는 1979년에 '짐'을 입고 가장 깊은 곳까지 잠수한 기록을 가지고 있는 해양생물학자다. 내셔널지오그래픽 전속 탐험가이기도 하고 바다에 보호 구역을 만들기 위해 열심히 투쟁하는 환경 운동가이기도 하다. 바다 밑바닥을 걷는 상상을 하던 나는 문득 궁금한 생각이 들었다. 그 바닥 밑에는 뭐가 있을까?

DEEP
SEA
1998, marine biologist
-residence at the National
to me to ask, "Okay, let's get rid of the
the planet be like?
planet was perhaps
today. You know,
usekeeping on Mars
some day. And a few people think that
But not for six b
a viable altern
the Pacific and Indian Oce
You know, there's lumps i
est sea, based on observati
couple of guys who made
to the depths of the Marion
1916. But ironically,
to this deepest
ocean. The
is why this c
and why ea
e need to get
cean, first of all,

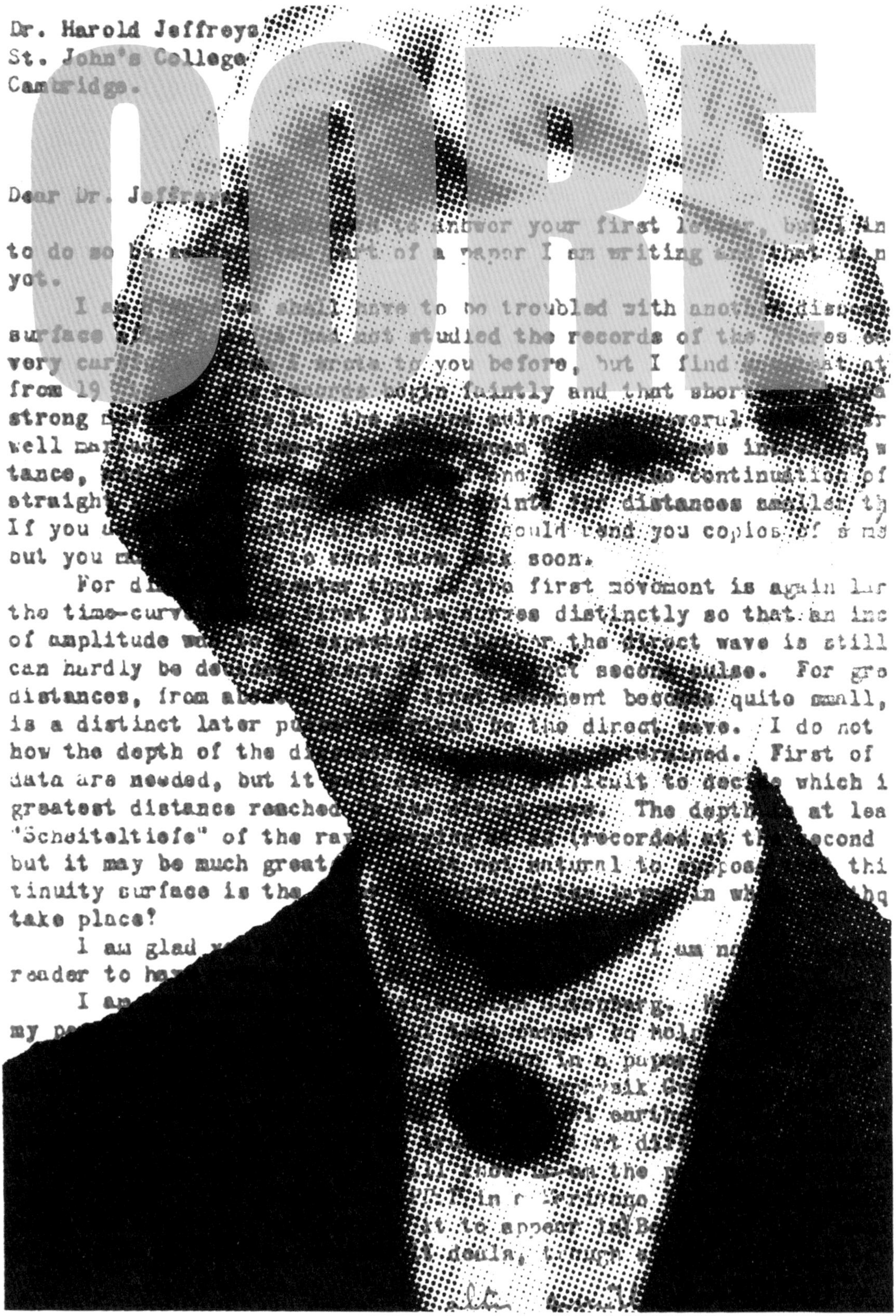

CORE

Dr. Harold Jeffreys
St. John's College
Cambridge.

Dear Dr. Je

to answer your first le but I
to do so part of a paper I am writing
yet.
I a shall have to be troubled with anot
surface studied the records of the
very car you before, but I find
from 19 fairntly and that short
strong
well ma
tance, continuation of
straigh distances smaller th
If you ould send you copies of
out you m soon.
For di first movement is again lar
the time-curv distinctly so that an inc
of amplitude the direct wave is still
can hardly be de second pulse. For gre
distances, from ab becomes quite small,
is a distinct later p the direct wave. I do not
how the depth of the d First of
data are needed, but it which i
greatest distance reached The depth at lea
"Scheiteltiefe" of the ra recorded at th second
but it may be much great natural to suppose thi
tinuity surface is the
take place?
I am glad I am no
reader to ha
I am
my pe
in a paper
earth
in the
in r
to appear in
deals, t

16 잉게 레만

지구의 표면은 70%의 바다와 30%의 육지로 이루어져 있다. 만약 바닷물을 다 퍼내면 육지만 있는 것처럼 보일 것이다. 그래서 지구는 암석으로 이루어진 공이라고 생각할 수 있는데, 꼭 그렇지는 않다. 지표의 육지는 지각이라고 불리는 얇은 땅이고 지각 밑에는 맨틀이라는 부분이 있다. 맨틀 아래에는 지구의 핵이 있는데, 핵은 외핵과 내핵으로 나뉘어 있다.

나는 또 궁금해졌다. 이 모든 것을 어떻게 알아낸 거지? 특히 지구의 핵이 외핵과 내핵으로 나뉘어 있다는 것을 누가 어떻게 알아냈는지 궁금했다. 지구의 중심까지 파 내려간 것일까? 그렇지는 않다.

지구의 핵이 외핵과 내핵으로 나뉘어 있다는 것을 처음으로 알아낸 사람은 잉게 레만이라는 지구물리학자다. 잉게는 지진파가 지진계에 도달하는 시간을 정밀하게 분석해서 외핵과 내핵이 있다는 것을 알아냈다. 그래서 그 경계면에는 '레만면'이라는 이름이 붙었다. 덕분에 지질학을 공부하는 사람이라면 누구든지 평생 한 번 이상 레만의 이름을 불러야 한다. 레만이 누군지 몰라도 말이다.

핵과 지각 사이에 있는 맨틀에 있는 마그마는 가끔 지각을 뚫고 나오기도 한다. 그것이 바로 화산이다. 가만있어 봐, 화산? 그것도 재미있겠는데!

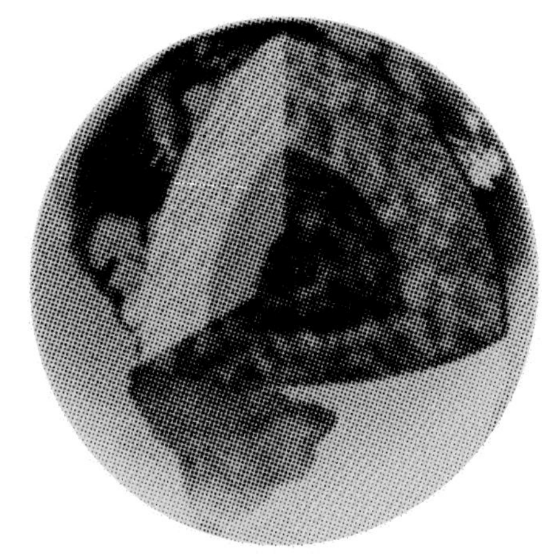

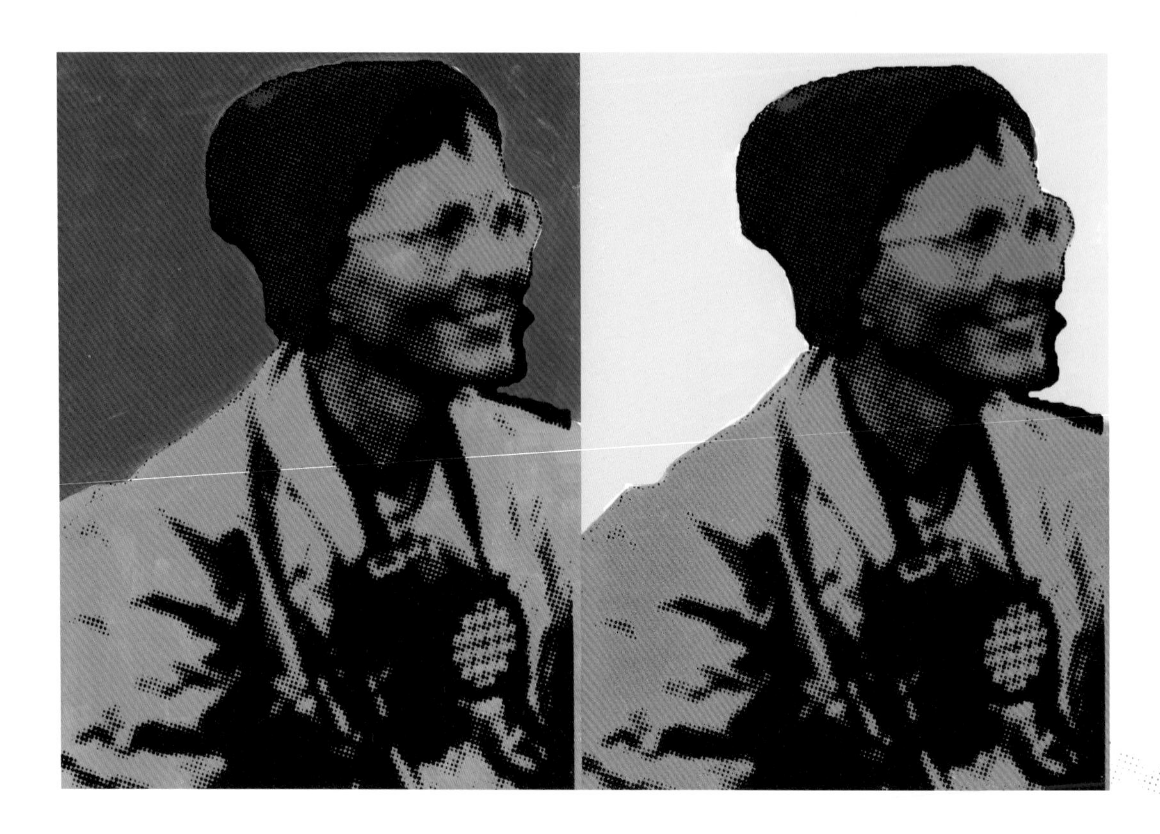

17
카티아
크라프트

나는 식초와 베이킹파우더를 섞는 실험을 아주 좋아했다. 여기에 딸기 우유를 좀 섞으면 부글부글 끓으면서 마치 화산이 폭발하는 것 같다. 물론 엄마가 알면 곤란하다. 먹는 것 가지고 장난친다고 혼날 것이 확실하기 때문이다.

나는 이렇게 가짜 화산을 보며 좋아했지만 카티아 크라프트는 1,000도가 넘는 용암 바로 앞까지 가서 표본을 얻고 사진과 비디오를 찍었다. 또 화산이 환경에 어떤 영향을 미치는지도 연구했다. 이런 자료는 화산 근처에 사는 사람들이 대피할 방법을 연구하는 데 아주 큰 도움이 되었다.

화산을 너무나 좋아했던 카티아는 화산에 조금씩 더 가까이 갔고 폭발할 때 머무르는 시간도 조금씩 더 늘렸다. 그러다 일본에 있는 운젠 화산에 너무 가까이 가는 바람에 화산쇄설물에 쓸려 죽고 말았다. 기자 등 함께 있던 41명도 모두 죽어서 전 세계에 충격을 주었다. 역시 화산은 너무 위험하다. 하지만 곰곰이 생각해 보면 너무 흥미롭다. 내 발밑에 끓는 돌이 있다는 사실이 말이다!

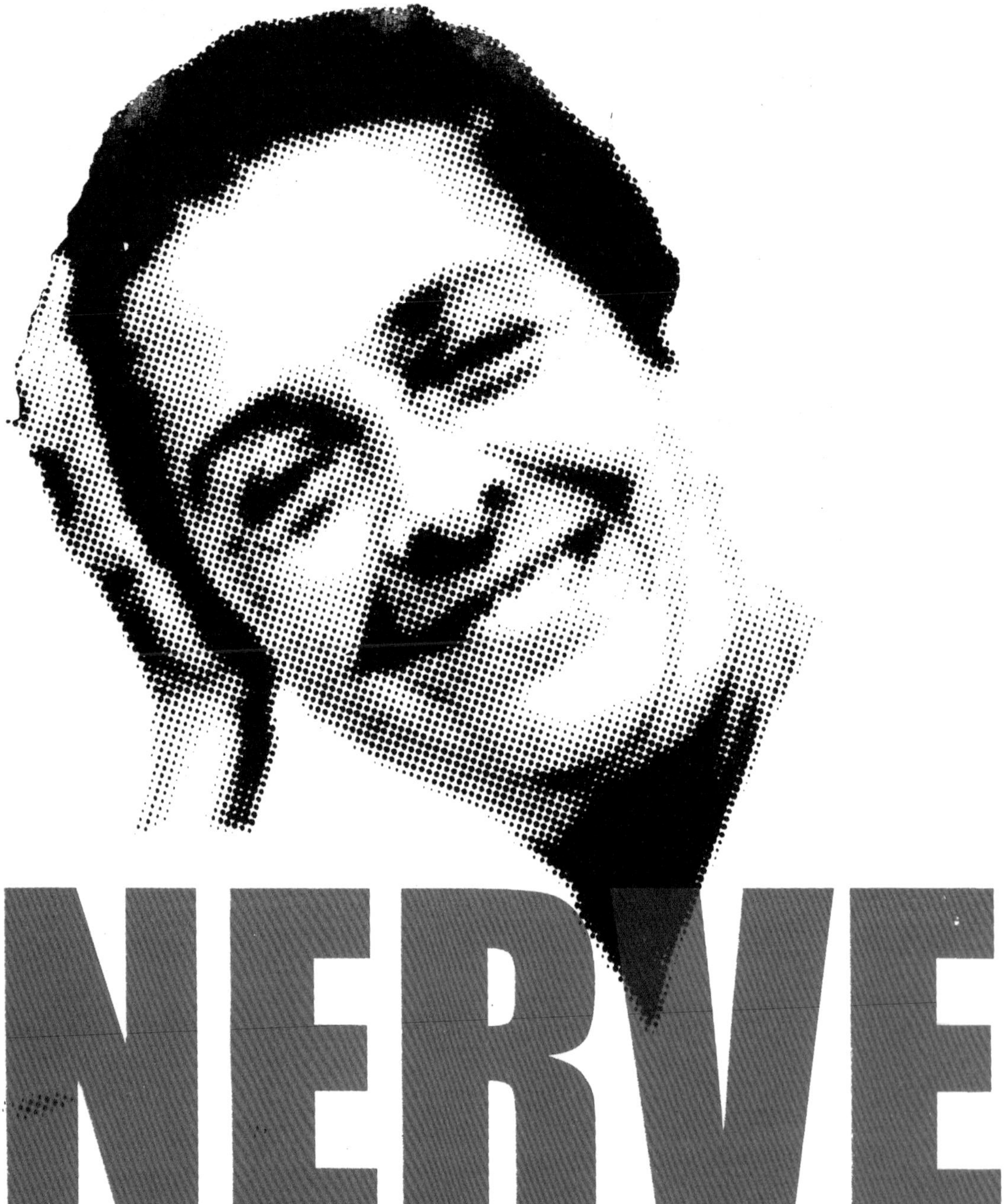

NERVE

18 리타 레비몬탈치니

나는 대학생이 되었다. 천문학, 지질학을 동시에 공부할 수 있는 지구과학을 전공으로 선택했다. 하지만 생물에도 관심이 있어서 생물 수업도 열심히 들었다. 일반 생물학 실험 과목에는 발생학 실험 항목이 있는데, 간단히 말하면 달걀이 부화하는 과정을 지켜보는 것이다. 겉에서 지켜보는 게 아니라 그 속을 확인해야 한다. 그러려면 달걀 여러 개를 동시에 부화시켜야 하고 정해진 날 수에 달걀을 하나씩 깨서 병아리가 어디까지 자랐는지 관찰해야 한다. 뭐? 징그럽다고? 징그럽긴 하다. 하지만 이런 실험은 아주 오래전부터 있었다.

이탈리아 신경학자 리타 레비몬탈치니는 집에 실험실을 만들어 병아리를 키웠다. 1930년대 이탈리아에서 유대인은 의사가 될 수 없었고 여자는 공부조차 할 수 없었기 때문이다. 그래도 레비몬탈치니는 굴하지 않고 자기만의 작은 실험실을 차려, 병아리의 다리와 날개가 될 부분의 신경을 미리 잘라, 다리나 날개가 없는 병아리를 부화시키는 실험을 했다. 지금 들으면 아주 끔찍한 실험이지만 80년 전에 했던 그 실험들로 인해 발생학이 발전할 수 있었다.

2차 세계대전이 끝난 후 리타는 좀 더 좋은 연구실에서 연구를 할 수 있었고 세포 성장을 촉진하는 신경 성장 인자를 발견해 1986년 노벨 생리학·의학상을 받았다. 그리고 2012년 103세의 나이로 사망해 노벨상 수상자 중 가장 오래 산 사람으로 남았다.

19 마리 퀴리

지금 생각해 보면 정말 이상한 일인데, 나는 물리학자가 되고 싶은 적은 한 번도 없었다. 그런데 내가 가장 존경하는 과학자는 마리 퀴리였다.
내가 마리를 존경했던 것은, 8톤이나 되는 돌을 부수고 갈아 겨우 1그램 남짓한 라듐을 얻는 강인한 모습이 너무나 멋있었기 때문이다. 게다가 19세기에 폴란드에서 나고 자란 여성이 프랑스로 이민을 가서 과학자로 성공하고 그 공을 하나도 놓치지 않고 노벨상을, 그것도 두 번이나 탔다는 것도 놀라웠다.
마리는 어느 것 하나 놓치지 않고 다 해냈다.
음, 나라면 그럴 수 있었을까? 나는 아마 마리 퀴리가 물리학과 화학에서 이룬 업적보다 마리가 여성이면서 동시에 과학자였던 삶에 더 관심이 있었던 것 같다.

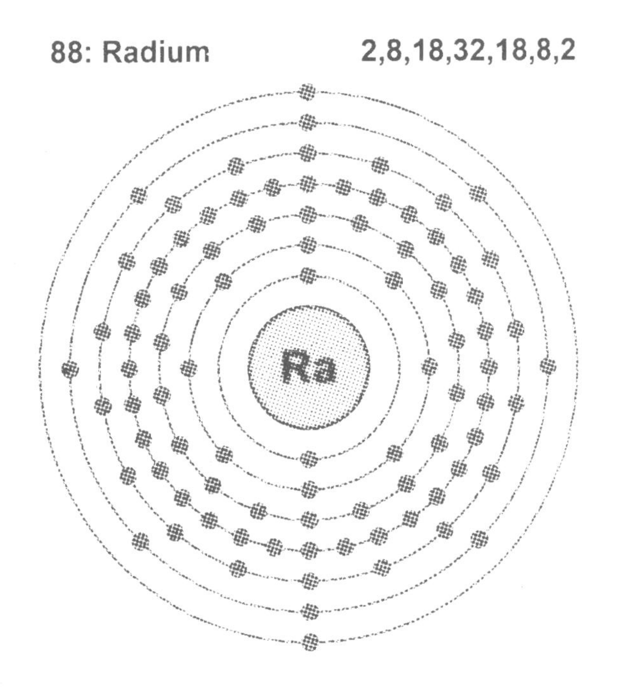

JIYOU'S TALK 5

마리 퀴리의 얼굴을 판화로 찍기 전, 나는 아주 자신이 있었다.
"쉽지, 쉬워. 마리 퀴리라면 내가 가장 존경하는 과학자잖아!"
그런데 아니었다.
다른 과학자에 비해 자료도 많아서 그냥 고르기만 하면 되었다. 그래서 가장 잘 알려진 얼굴을 고르고 19세기 말 느낌이 나도록 타원형 틀 안에 마리 퀴리의 얼굴을 넣었다. 그의 열정을 표현하기 위해 얼굴을 붉은색으로 찍은 뒤, 그녀에게 노벨 물리학상과 노벨 화학상을 안겨 준 원소들의 이름은 검은색으로 얹었다. 검은색을 선택한 이유는 라듐을 분리할 때 썼던 원광석 피치블랜드가 검은색이었기 때문이다. 그런데 작품이 마음에 들지 않았다. 마리의 눈에서 광선이 나오지 않았다. 뭐가 잘못된 것일까?
나는 고민 끝에 마리와 그녀의 큰딸 이렌느가 같이 찍은 사진을 골랐다. 어린 딸과 함께 찍은 것으로 누가 콕 찍어 알려 주지 않으면 마리 퀴리라는 것을 몰라볼 정도로 흔한 모녀의 모습이었다. 나는 마리가 두 딸의 어머니였다는 것을 일찍이 알고 있었음에도, 모든 사회적 위치를 내려놓고 마리와 딸이 모녀로 만나는 장면을 상상해 본 적이 없었는데 비로소 엄마와 딸의 관계에 대해 생각했다. 예전에는 눈에 띄지도 않았었는데 왠지 마음에 끌렸다. 하지만 실크 스크린으로 찍어 놓고 보니 이것도 마음에 들지 않았다. 뭘 빼먹은 것일까?

여성 과학자의 삶은 요즘도 쉽지 않다. 하물며 19세기에는 어땠을까? 폴란드 이민자였던 한 여성이 자신의 재능을 세상에 펴고 업적도 잃지 않은 채 모든 것을 지켜 낸 과정은 결코 쉽지 않았다. 사람들은 그 남다른 강인함 때문에 마리 퀴리를 존경하는 것이다.

이와 같은 사람들의 바람 때문인지 세상에 돌아다니는 마리 퀴리의 모습은 성공한 과학자의 삶을 부각시키는, 강하고 단정하고 똑똑해 보이는 이미지가 대부분이다. 사람들은 마리 퀴리가 19세기에 살았던 여성 과학자가 자신의 것을 지키기 위해 강인한 삶을 살았다는 것만 기억하고 싶어 한다. 하지만 내 것을 지켜 내려고 남보다 백 배나 강한 삶을 살아야 한다면 그것은 공정한 사회일까? 내 것은 그냥 내 것이어야 하는 것 아닌가?

고민 끝에 나는 멍하니 편안한 표정을 짓고 있는 마리를 골라 한 가지 색으로만 찍었다. 더 이상의 장식은 필요 없다. 그녀는 할 만큼 다 한 것이다

이제 그림이 마음에 든다. 아마 내 마음이 편안해진 것이겠지.

어? 다시 보니 처음 작업과 세 번째 작업의 얼굴이 같다. 처음 찍은 작품을 보니 이전과 달리 편안해 보인다. 작품 속 마리의 얼굴은 보는 이의 거울. 마리의 표정이 독자들에게 어떻게 보일지 궁금하다.

20 리제 마이트너

리제 마이트너는 마리 퀴리와 동시대에 살았던 과학자다. 핵물리학의 천재였던 리제는 무거운 원소와 중성자를 박치기시키면 무거운 원자가 깨지면서 빛과 에너지가 나온다는 것을 알아냈다. 핵분열을 알아낸 것이다. 이 원리를 이용한 것이 원자력 발전소와 핵폭탄이다.

하지만 리제의 연구가 가장 먼저 쓰인 것은 '맨해튼 프로젝트'라고 불리던 원자 핵폭탄을 만드는 일이었다. 원자력 발전소와 핵폭탄의 원리는 같다. 다른 점이 있다면 발전소는 에너지가 천천히 흘러나오도록 조종하는 것이고 폭탄은 짧은 시간에 에너지가 폭발적으로 터져 나온다는 것이다.

리제는 독일의 물리학자 오토 한과 핵분열에 관한 연구를 같이 했지만 1944년 노벨상은 오토 한만 받았다. 후대의 과학자들은 노벨상에 리제가 빠진 것을 두고 노벨상 위원회를 비난했다. 대신 리제는 엔리코 페르미상을 받았는데, 이 상은 획기적인 에너지 개발과 사용에 공이 큰 과학자에게 준다. 리제가 원자력 발전에 기여한 공을 기린 것이다.

이쯤 되면 노벨상이 정말 권위 있는 상인지 의심스럽다!

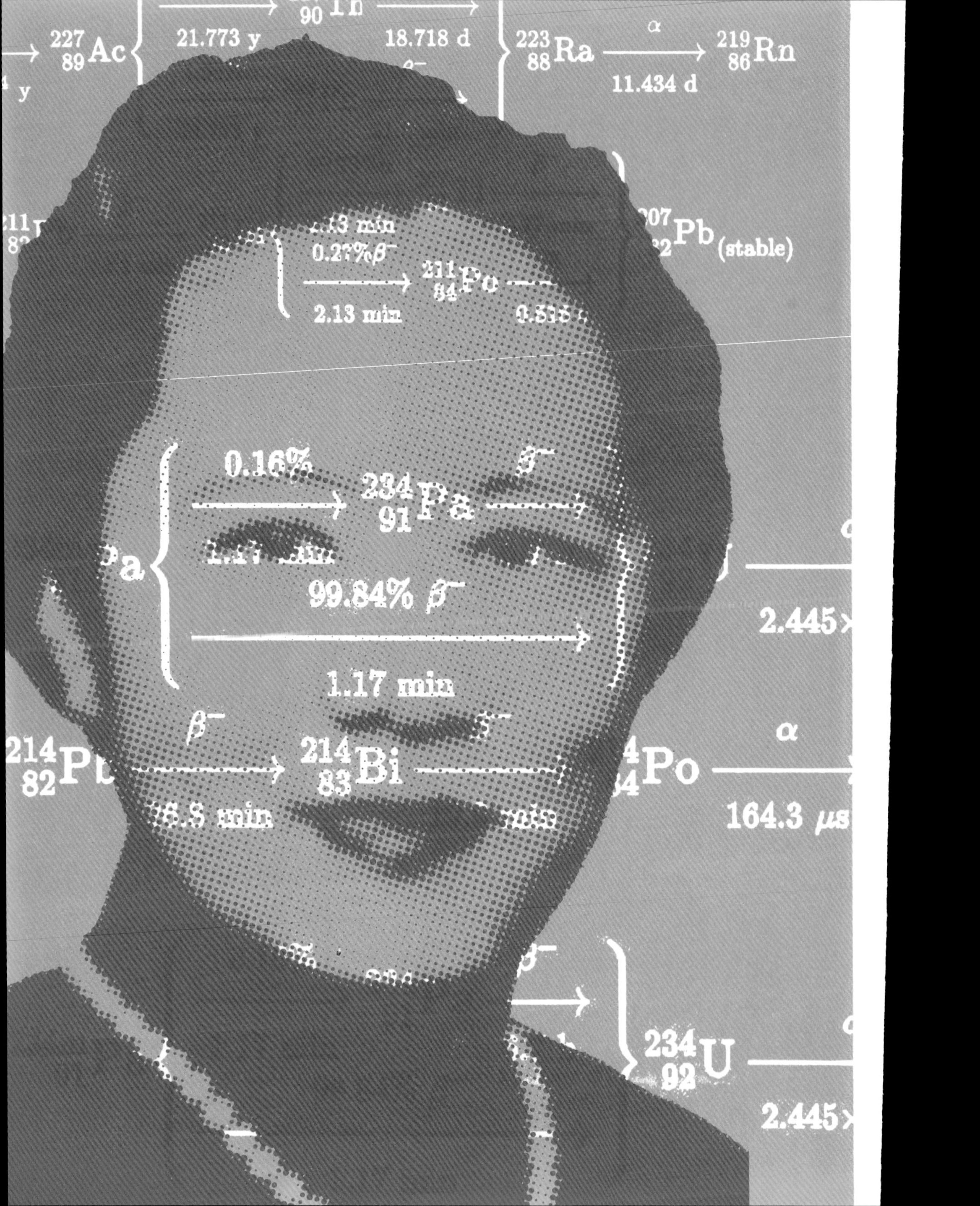

227 89 Ac
21.773 y
18.718 d
223 88 Ra
α
219 86 Rn
11.434 d
Pb (stable)
0.27% β⁻
211 84 Po
2.13 min
0.16%
234 91 Pa
β⁻
99.84% β⁻
1.17 min
β⁻
214 83 Bi
α
164.3 μs
234 92 U

21 우젠슝

이 세상은 원자들로 이루어져 있다. 원자는 중심에 양성자와 중성자로 이루어진 원자핵이 있고, 그 주변 어딘가에 전자들이 서성대고 있다. 전자가 정확히 어디 있는지 아무도 모른다. 실험 물리학자였던 우젠슝은 원자에 중성자를 쏘아서 전자를 분리하는 실험을 설계했다.

원자든, 중성자든 모두 눈에 보이지 않는 걸 어떻게 쏘고 목표물을 맞힌다는 거지? 정말 신기한 실험이다. 우젠슝은 그 실험을 수없이 했고, 대칭을 이루지 않는 전자가 나온다는 것을 확인했다. 그때까지 과학자들은 모든 소립자는 원자에서 분리될 때 대칭을 이룬다고 생각했었는데 우젠슝 때문에 생각을 바꾸게 됐다. 이것을 '반전성 실험'이라고 한다. 매우 어렵게 들리지만 억지로 외울 필요 없다. 우리 주변에 있는 사람들 중 99.9999%는 이 말을 처음 들었을 테니 말이다.

아무튼 아무도 모르는 것을 연구하는 것은 정말 멋진 일이다. 그것이 무엇이든 이 세상에서 내가 가장 먼저 알게 되는 것이니까.

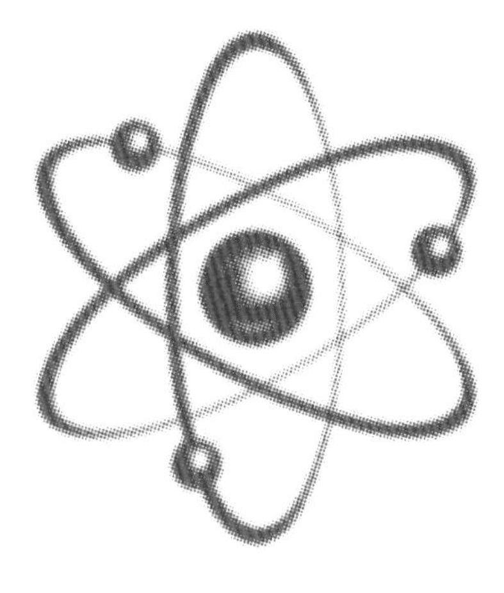

22
윌리아미나 플레밍

대학을 졸업하고 나는 중학교 과학 선생님이 되었다.
나는 당시 과학 선생님들을 설득해 교과서에 나오는
실험을 다 했다. 꽃의 암술 수술을 관찰하는 날에는
근처에 있는 꽃집의 꽃을 싹쓸이해 왔고, 붕어를
해부하는 날에는 인근 수족관의 붕어를 모두 사 왔다.
날마다 재미있었지만 과학 실험실 보조 선생님이었던
엄 선생님이 없었다면 절대 할 수 없는 일이었다.
엄 선생님을 보면 나는 윌리아미나 플레밍이 생각났다.
스코틀랜드 사람이었던 플레밍은 어린 아들과 함께
미국으로 건너와 하버드 대학교 천문대의 대장이었던
피커링의 가정부로 들어갔다. 피커링은 플레밍이
가정부로 있을 사람이 아니라는 것을 알아보고 천체
사진을 분석하는 일을 맡겼다. 플레밍은 오늘날
천문학자들이 사용하는 별의 목록을 만드는 일에
앞장섰고, 오리온자리에 있는 말머리성운도 처음으로
발견했다.
플레밍은 1911년 54세에 폐렴으로 사망하기 전까지
하버드 천문대를 지켰다. 수많은 여성 컴퓨터들이
천문대에 들어왔다 다른 연구 자리를 찾아 떠나거나
결혼한 뒤 가정을 꾸리기 위해 천문대를 그만두었지만
플레밍은 묵묵하게 남아 별을 분류하는 일을 계속했다.
엄 선생님도 그랬다. 나는 근무 기간이 끝나 다른
학교에 가더라도 엄 선생님은 학교에 남아 다음에
오는 선생님과 같이 실험을 할 것이었다. 그러니 학교
과학 실험실의 버팀목은 교사인 내가 아니고 보조
교사인 엄 선생님인 셈이다.

23
애니 점프 캐넌

나는 천문학을 공부하기 위해 대학원에 입학했다. 천문학 공부를 하다 보면 'Oh Be A Fine Girl Kiss Me 오 멋진 소녀여 나에게 키스를'이라는 문구를 외워야 할 때가 온다. 이것은 하늘에 있는 모든 별을 표면 온도와 구성 원소의 특성에 따라 분류해 O, B, A, F, G, K, M 순으로 나열한 것으로 하버드 분광 분류 시스템이라고 부른다. 태양은 G형 별이다.
하늘에 있는 관측 가능한 별 35만 개를 하나하나 분류하는 일을 도대체 누가 한 걸까? 애니 점프 캐넌은 천문학을 공부하고 하버드 천문대로 가서 플레밍과 합류했다. 캐넌은 대학을 다닐 때 심한 감기에 걸린 뒤 청력을 거의 상실한 상태였다. 그래도 캐넌은 놀라운 집중력과 뛰어난 분석력으로 플레밍에게 별을 분류하는 방법을 배워 나갔고 나중에는 자신만의 독특한 분류 방식을 정립할 수 있었다. 이것이 바로 별의 표면 온도와 구성 원소의 특성에 따라 분류한 O, B, A, F, G, K, M 분류법이다.
나이가 들어서는 여성 천문학자에게 주는 애니 점프 캐넌상을 만들었는데, 이때 부상으로는 당대에 가장 트렌디한 장인이 만든 브로치를 주었다고 한다. 아, 정말 캐넌이야말로 Fine Girl이다.

Developer of CANCER TREATMENT ..
CHEMOTHERAPY
Tribute to
Dr. Jane C. W
Born 1919
CANCER

24 제인 쿡 라이트

40세가 되던 해에 나는 암에 걸렸다. 다행히 빨리 암을 찾아서 수술을 하고 항암 치료와 방사선 치료까지 마쳤지만 치료하는 동안 무척 화가 났다. 내가 왜 암에 걸렸는지 도무지 알 수가 없었다. 하지만 나는 그 과정을 잘 이겨 냈고 지금까지 건강하게 잘 살고 있다. 모두 과학자들이 암을 치료하는 방법을 찾아 둔 덕분이다.

항암제는 암세포만 찾아서 공격하고 건강한 세포는 살려 두는 약이다. 사람마다 암세포의 성격이 달라 여러 가지 약을 혼합해서 항암제를 만든다. 이것을 화학 치료법이라고 하는데, 제인 쿡 라이트라는 아프리카계 미국인 의사가 생각해 낸 방법이다.

제인은 환자의 암세포를 조금 뜯어서 그 약이 잘 듣는지 지켜본 뒤에 치료하는 방법도 생각해 냈다.

제인이 고안한 치료법은 더욱 발전해서 많은 암 환자들이 자신에게 맞는 치료를 받을 수 있게 되었다. 제인, 고마워요!

CHIMPS

25
제인 구달

이런, 또 제인이 등장하네. 암 투병이 끝난 뒤 나는 마당이 있는 집으로 이사했다. 이사를 하고 보니 고양이들이 있었다. 새끼 고양이들이었는데, 알고 보니 내가 이사한 날 태어난 고양이들이었다. 물론 어미는 내가 이사 오기 전부터 이 집에 살고 있었으니 따지고 보면 고양이의 집에 내가 이사 온 셈이다. 나는 새끼 고양이들에게 까르보나라, 고르곤졸라, 모차렐라, 알리오라고 이름을 지어 주었고 밥도 주고 물도 주면서 8년이나 관찰했다. 고양이에게 푹 빠진 나는 제인 구달을 가슴으로 이해할 수 있게 되었다.

구달은 아프리카 탄자니아에서 처음으로 야생 침팬지를 가까이에서 관찰한 사람이다. 구달은 야생 침팬지들에게 이름을 지어 주고 가까이에서 관찰하면서 아주 친하게 지냈다. 동물에게 이름을 지어 주는 것은 너무나 중요한 의미가 있다. 내 인생에 중요한 존재가 아니라면 이름을 지어 줄 이유가 없다.

구달은 관찰한 것을 글로 쓰고 책으로 펴냈다. 침팬지도 지능이 높고 사람처럼 감정이 있는 동물이라는 것을 알리고, 어린 침팬지들이 애완동물이나 실험 대상으로 팔리는 것을 막기 위해 연구소를 설립하기도 했다.

어떤 동물이든 내 삶에 가장 가까이 있는 존재를 제대로 이해하는 것은 너무나 중요하다. 그것이 모든 생물을 내 삶의 일부로 받아들이는 첫걸음이니까.

NO DDT
Up in Arms Over
ew Book
Are Crying 'Foul'
statements
and counter-attack
A drowsy midsu
suddenly been enliven
greatest uproar in the
industry since the
scare of 1959.
Miss Carson's new
entitled "Silent Spring
title is derived from an
situation in
envisions
where
ks on science have
for the beauty and
cision of the writing.
Carson, trained as
Silent Spring
Industry
By JOHN M. LEE
The $300,000,000 pesticides in-
try has been highly irritated
the writing.
5. Miss Carson, trained as
marine biologist, wrote grace-
in Washing
Statements are
and counter-attac
A drowsy
suddenly
scare
Miss
entitled
title is de

26 레이첼 카슨

어느 날 고양이들에게 밥을 주고 있는데, 부웅 하는 소리가 나면서 흰 연기가 마당으로 쏟아져 들어왔다. 모기나 해충을 없애기 위해 구청에서 살충제를 뿌린 것이다. 이 살충제는 농도가 약하고 인간에게 해가 없는 성분이라고는 하지만 체구가 작은 어린이나 고양이들에게는 아주 안 좋을 수도 있다.

그런데 1960년대까지 전 세계에서는 DDT라는 살충제를 논, 밭, 산에 뿌렸고, 이를 잡기 위해 사람에게도 뿌렸다. 해양생물학자였던 레이첼 카슨은 살충제는 단순히 해충만 죽이는 것이 아니고, 그 해충을 먹는 새와 쥐처럼 몸집이 작은 동물도 죽인다고 생각했다. 나아가 먹이사슬 안에 있는 모든 동물의 몸 안에 살충제가 쌓일 것이고 결국 인간도 무사하지 못하리라는 것을 알았다.

카슨은 오랜 시간 동안 자료를 모아 《침묵의 봄》이라는 책을 썼다. '살충제 때문에 새들이 죽어 봄이 되어도 새들이 울지 않는다'는 뜻이다. 이 책 덕분에 더 이상 DDT를 쓰지 못하게 되었다. 사람들이 환경의 중요성을 알게 되었기 때문이다. 책 한 권이 지구인의 생각을 바꿔 놓은 것이다. 그러니 나처럼 책을 쓰는 사람들이 정말 중요하다!

JIYOU'S TALK 6

작가는 자신의 삶을 재료로 작품을 만드는 사람이다. 소설가든 과학 저술가든 쓰는 소재와 서술하는 방법이 다르긴 해도, 작가의 경험을 넘어서는 작품은 나오지 않는다. 이것은 글뿐 아니라 미술, 음악, 건축 등 창작 활동을 하는 모든 작가에게 적용되는 말이다.

내 인생의 초점은 기승전책! 재미난 책을 만드는 데 맞추어져 있다. 나는 과학을 가지고 노는 글을 쓰고 그림을 그리는 과학 저술가다. 과학 저술가는 뭔가 어려운 것을 많이 아는 엘리트고 그들이 쓴 책은 매우 어려워 감히 읽을 엄두도 못 낸다고 여기는 사람도 있을 텐데, 절대 그렇지 않다는 점을 강조하고 싶다. 나처럼 과학과 관련 있는 모든 것을 주무르며 노는 과학 저술가도 있다.

잘 노는 것 역시 연습과 훈련이 필요하다. 놀아 본 사람이 잘 논다는 말도 있지 않은가? 재미난 글과 그림을 그리려면 내 몸과 감각이 재미를 느껴야 한다. 재미난 척하는 것은 소용없다. 진짜 재미있어야 한다.

내가 재미있게 노는 과정을 이야기해 보자면, 무언가 내 흥미를 끄는 대상이 생기면 일단 그 대상에 대해 공부한다. 그것이 운동이면 생물학, 인체 해부학을 공부한 뒤 주변을 수소문해서 그 운동을 가장 잘 가르쳐 줄 수 있는 선생님을 찾아간다. 그리고 열심히 운동을 하고 경기에 나간다. 이 모든 과정이 끝나면 그것에 대해 쓴다. 공부한 것만 가지고는 절대 실감 나는 글을 쓸 수 없다. 내 근육과 뇌와 감각이 모든 것을 경험한 뒤라야 독자가 공감할 수 있는 글이 나온다.

이와 같은 방식으로 나는 사막에서 세 달을 산 뒤 사막에 대한 글을 썼고, 하와이 화산 근처에서 살았던 경험을 바탕으로 화산에 대한 글을 썼고, 동물에 대한 글을 쓰기 위해 아프리카 세렝게티에 다녀왔다.

내 글에는 내가 컴퓨터 앞에 앉아 글을 쓰는 시간 외에도, 모든 소재를 내 안에 빨아들였다 다시 내놓는 데 필요한 긴 시간이 담겨 있다. 때로는 취재하러 간 자연의 풍광이나, 동물, 사람들을 보면서 첫 문장이 떠오르기도 하고, 영화나 공연에서 인상 깊었던 장면 하나로부터 풀리지 않았던 글이 풀리기도 한다.

나는 사실, 글보다 이미지가 먼저 떠오르는 경우가 많은데, 머릿속에 떠오른 이미지를 머리 밖으로 꺼내는 교육, 이를테면 회화나 조소 전문 교육을 받지 않았기에 글을 쓰게 된 것은 아닐까 생각하곤 한다. 미술 전문 교육을 받지 않은 것은 나에게 득일까, 실일까? 독자들은 내 그림을 재미나게, 그리고 만만하게 본다. 재미나게 보는 이유는 그동안 봐 온 전문가들의 그림과 달리 허술해 보이지만 뭔가 포인트가 있어 외면할 수 없기 때문이고, 만만하게 본다는 것은 이 정도면 나도 할 수 있겠다는 용기를 준다는 뜻이다. 이러한 분석을 통해 보자면 미술에 대해 전문 교육을 받지 않은 것은 매우 큰 장점일 수 있겠다.

하지만 어눌한 그림이 가지는 장점은 여기까지다. 작품으로서의 세계를 더욱 넓혀 나가려면 제대로 배워야 한다. 그래서 세밀화 선생님과 판화 선생님을 찾아 기초부터 배우고 오랜 시간 공을 들여 연습했다.

작가에게 경험이 많다는 것은 유리한 고지를 선점한 것과 같다. 표현하고 싶은 소재가 많기 때문이다. 그리고 싶은 것이 없는데, 선긋기를 배우는 것이 무슨 소용인가? 그러나 내가 무엇을 그리고 싶은지 나아가 무엇을 그려야 할지 안다면 배우고 익히는 과정은 힘들지 않고 오히려 재미나다. 다행히 50년 넘게 살아오면서 쌓은 경험치가 많아 표현하고 싶은 것이 많아서, 기초를 배우고 연습하는 과정에서 만든 이미지들이 모두 책에 넣을 수 있을 만큼 흥미로운 내용을 담고 있다.

내 머릿속에 있던 것이 실물이 되어 눈앞에 나타나는 순간, 이런 말이 저절로 나온다.

"우하하, 너구나. 반가워!"

27 반다나 시바

우리 집 옆에는 빈 마당이 있었다. 나는 마당에 옥수수를 몇 개 심어야겠다고 생각했다. 이제 내가 수확한 옥수수로 밥을 할 사람은 없으니 마음껏 옥수수를 관찰할 수 있을 것 아닌가? 나는 대학부설농업연구원에 가서 우리나라에서 개발한 옥수수 종자를 얻어다 심었다.

지구상의 모든 토종 씨앗은 그 지역의 토양, 기후 같은 환경에 잘 적응한 식물의 종자다. 인도의 반다나 시바는 그 지역에서 잘 적응한 식물의 씨앗, 그러니까 토종 씨앗을 잘 보존해야 한다고 주장했다. 외국에서 씨앗을 사서 농사를 지으면 계속 씨앗을 사 와야 하고, 나중에 씨앗의 가격이 올라가면 그 지역 사람들은 굶을 수밖에 없기 때문이다.

돈과 권력이 있는 사람들은 물자가 부족해져도 그다지 불편하지 않다. 돈과 권력으로 얼마 남지 않은 물자를 선점할 수 있기 때문이다. 그러나 돈과 권력이 없는 사람, 사회의 약자들은 식량과 물을 얻을 수 없다. 어린이와 여성과 노인은 가부장제가 중심인 사회에서 약자일 수밖에 없다. 그러니 먹을 것이 없는 상황에서 가장 먼저 피해를 보는 것도 어린이와 여성이다. 토종 씨앗을 지키는 것은 미래를 지키는 일인 셈이다. 나도 반다나의 주장에 100% 동의한다.

그래서 토종 옥수수를 심은 것이다. 비가 오지 않으면 물도 주면서 열심히 키웠다.

그런데, 그런데 말이다, 누가 내 옥수수를 따 갔다!

아, 정말, 내가 다시 옥수수를 심으면 내 성을 간다!

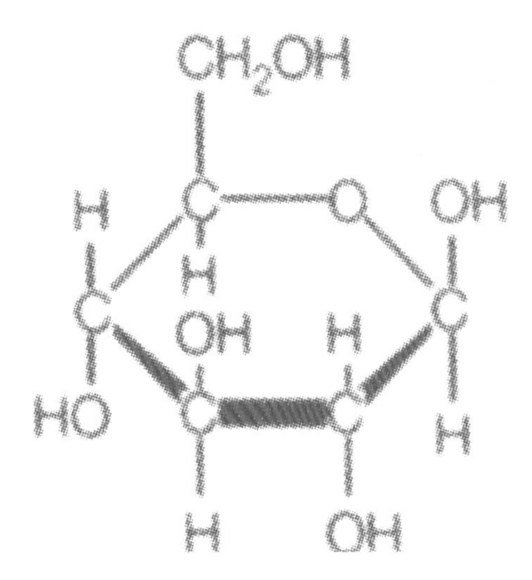

28
거티 코리

옆 마당에 아주 이상한 일이 생겼다. 씨를 뿌린 적도 없는데 호박이 자라고 있는 거다. 호박은 어디에서 온 것일까? 호박은 하루가 다르게 커졌고, 나는 호박이 자라는 데 방해가 되지 않도록 주변에 있는 풀을 베고 호박잎이 햇빛을 잘 보도록 열심히 손질을 했다.
그런데 참 이상도 하지, 호박을 볼 때마다 엄마가 끓여 주던 호박죽이 생각나면서 배가 고파졌다. 배가 고프다는 건, 내 핏속에 당이 떨어졌으니 어서 무언가를 먹으라고 뇌가 신호를 보내는 것이다. 만약 이 순간 내가 저 호박을 먹지 않으면 내 몸은 비상사태에 돌입해 이 사태를 해결하기 위해 간에 있는 글리코겐이라는 물질을 포도당으로 분해할 것이다. 그리고 그렇게 만든 포도당을 피로 흘려보내서 내 몸의 세포들이 굶지 않도록 한다. 설마 이런 사실을 내가 알아냈다고 생각하는 건 아니지?
이건 생화학자 거티 코리가 개구리 다리 근육을 분석해서 알아낸 사실이다. 게다가 이와 관련된 연구로 노벨 생리학·의학상도 받았다. 그러니까 결론은 지금 당장 저 호박을 먹지 않아도 나는 굶어 죽지 않는다는 거지. 아이고, 배고파!

PLACE
CELL

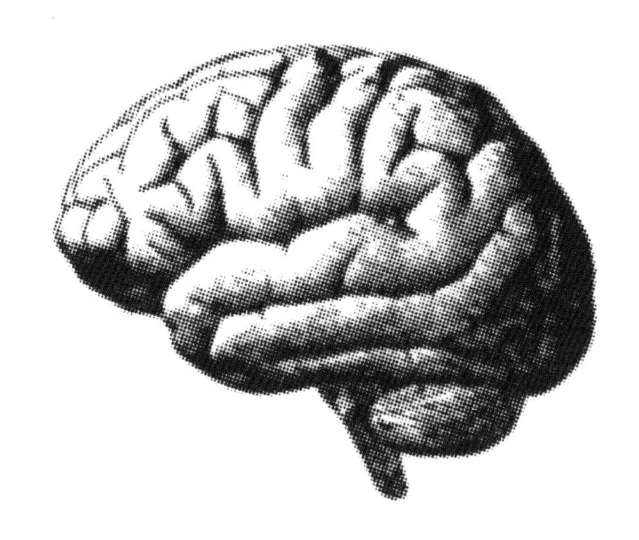

29 마이브리트 모세르

내가 마당에서 풀을 뽑고 있으면 마당 고양이들이 주변에서 어슬렁거리면서 논다. 그리고 앞집, 옆집에 사는 아이들도 괜히 와서 이것저것 묻는다. 그러면 고양이들은 아이들 손이 닿는 곳까지 가지는 않으면서 낮은 담을 아주 아슬아슬하게 걸어가곤 한다.

우리는 고양이가 균형 감각이 좋아서 좁은 담을 잘 걷는다는 것을 안다. 그런데 고양이는 공간에 솟은 담을 어떻게 인식할 수 있는 것일까? 우리는 낭떠러지 위에 있으면 그것이 낭떠러지라는 걸 어떻게 인식하는 걸까?

놀랍게도 뇌에는 공간과 경계를 인식하는 세포가 있다. 그것만 전담하는 특수한 세포가 있다는 것이다. 정말 신기하다. 이런 사실을 처음 알아낸 사람은 이스라엘의 과학자 마이브리트 모세르다. 마이브리트는 둥근 방, 네모난 방, 절벽이 아래로 난 방이나 위로 솟은 방 안에 쥐를 돌아다니게 한 뒤, 공간에 형성된 경계를 만날 때 뇌의 어느 부분이 활성화되는지 연구를 했다.

아이코, 이젠 애들이 고양이를 따라서 담 위를 걷고 있네. 뭐, 저 아이들의 뇌에도 공간과 경계를 인식하는 뇌세포가 있을 테니 그냥 둬야겠다. 넘어지면? 그건 균형 감각과 근육이 형편없어서니 내 알 바가 아니지.

JIYOU'S TALK 7

나는 바버라 매클린톡과 마리 퀴리와 리제 마이트너를 비롯해
이 책에 언급된 어떤 과학자와도 만난 적이 없지만 그들은 나와 시공을
초월한 관계를 맺고 있다. 눈을 더 넓혀 세상을 보면 나는 젊은이들,
어린이들과 연결되어 있고 아직 태어나지 않은 존재들과도 이어질
것이다.

나와 과학자들의 이야기는 미래에 지구상에 올 수많은 어린이들과 연결되어야
한다. 그래서 이 책의 마지막에는 어린이들의 얼굴을 넣기로 마음먹었다. 근데
누구를 넣어야 할까?

고민 끝에 나는 나와 이름이 같은 어린이를 찾아 보기로 했다. 생각보다 어렵지
않았다. 주변에는 '지유'라는 이름을 가진 아이가 많았다. 내가 어릴 때는 나와 같은
이름을 가진 사람을 한 명도 보질 못했는데 말이다. 대학 후배와 SNS 친구의 딸
중에 '지유'가 있었다. 그들은 내 뜻을 흔쾌히 받아들여 주었다.

어린이들의 얼굴은 가장 마지막에 판화로 찍었다. 기나긴 작업 과정 중 가장 편안한
마음으로 어린이들을 만나고 싶었기 때문이다. 너무나 다행스럽게 지유들의 표정이
마음에 든다.

나는 내년 봄을 기다리며 튤립 구근을 심고 있다.
튤립은 땅속에서 겨울을 나면서 낮은 온도를 경험해야 싹이 난다.
늘 따뜻한 곳에서는 꽃이 피질 않는다. 그래서 지금 심어야 한다.
이 꽃이 필 즈음이면 나는 이 집에 더 이상 살지 않을 것이다.
늦은 겨울, 이른 봄에 아파트로 이사 갈 예정이다. 나는 이 꽃을 못 보지만,
두 달 전에 태어난 새끼 고양이들과 이웃 아이들은 이 꽃을 볼 수 있다.
그러니까 더 잘 심어 두자.

아이들이 아름다운 꽃을 볼 수 있도록!

FUTURE

FUTURE

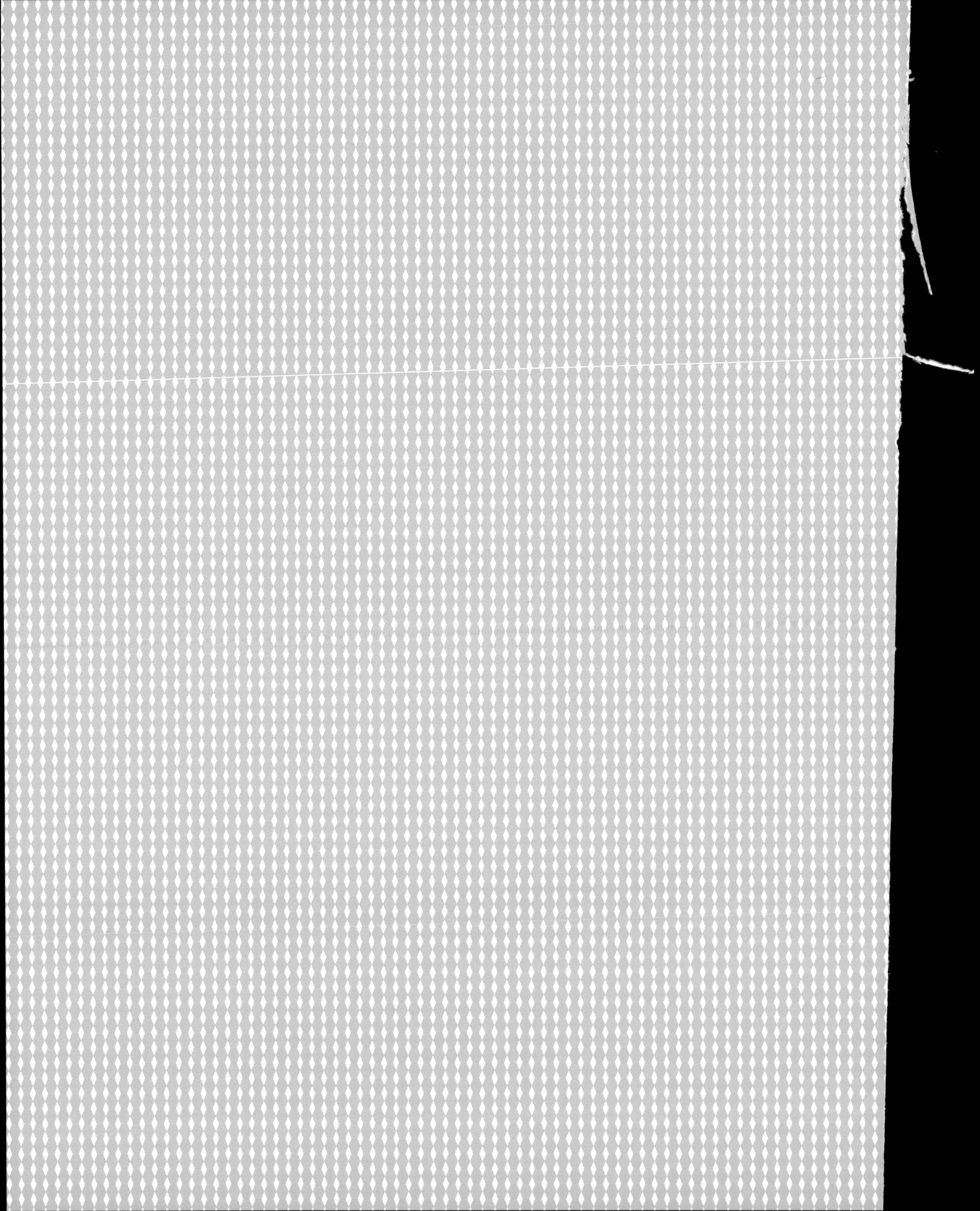